VINHO BRASILEIRO, MUITO PRAZER

ROBERTA MALTA SALDANHA

VINHO BRASILEIRO, *MUITO PRAZER*

Editora Senac Rio | Rio de Janeiro | 2023

Vinho brasileiro, muito prazer © Roberta Malta Saldanha, 2023.

Direitos desta edição reservados ao Serviço Nacional de Aprendizagem Comercial – Administração Regional do Rio de Janeiro.

Vedada, nos termos da lei, a reprodução total ou parcial deste livro.

SENAC RJ

Presidente do Conselho Regional
Antonio Florencio de Queiroz Junior

Diretor Regional
Sergio Arthur Ribeiro da Silva

Diretor de Operações Compartilhadas
Pedro Paulo Vieira de Mello Teixeira

Assessor de Inovação e Produtos
Claudio Tangari

Editora Senac Rio
Rua Pompeu Loureiro, 45/11º andar
Copacabana – Rio de Janeiro
CEP: 22061-000 – RJ
comercial.editora@rj.senac.br
editora@rj.senac.br
www.rj.senac.br/editora

Editora
Daniele Paraiso

Produção editorial
Cláudia Amorim (coordenação),
Manuela Soares (prospecção) e
Priscila Barboza (design e ilustração)

Preparação e copidesque
Ana Carolina Lins

Coordenação de receitas
Denise Rohnelt de Araujo

Impressão: Imos Gráfica e Editora Ltda.
1ª edição: maio de 2023

CIP-BRASIL. CATALOGAÇÃO NA PUBLICAÇÃO
SINDICATO NACIONAL DOS EDITORES DE LIVROS, RJ

S154v
Saldanha, Roberta Malta
Vinho brasileiro, muito prazer! / Roberta Malta Saldanha. - 1. ed. - Rio de Janeiro : Ed. SENAC Rio, 2023.
   224 p. ; 18 cm.

   ISBN 978-85-7756-482-8

   1. Vinho e vinificação - História - Brasil. I. Título.

23-83654   CDD: 641.220981
                  CDU: 641.87(09)(81)

Gabriela Faray Ferreira Lopes - Bibliotecária - CRB-7/6643

As imagens de aberturas de capítulo, de uso contratualmente licenciado, pertencem à Abobe Stock e são utilizadas para fins meramente ilustrativos.

ELES VIERAM EM BUSCA DE UM SONHO. Foram mais de 80 mil italianos que se estabeleceram no Rio Grande do Sul, entre os anos de 1875 e 1914. Saíram de suas aldeias no norte da Itália para o porto de Gênova e, de lá, embarcaram em uma longa travessia até o Brasil. Além do sonho, da esperança de uma vida melhor e mais digna, de fazer fortuna e estabelecer aqui suas raízes, trouxeram consigo a cultura do vinho: o plantar a videira, colher as uvas e transformá--las em vinho.

A esse bravo povo, minha eterna admiração e respeito.

"O VINHO É UM DOS MAIORES SINAIS DE CIVILIZAÇÃO DO MUNDO."

Ernest Hemingway

"DEUS CRIOU A ÁGUA, MAS O HOMEM CRIOU O VINHO."

Victor Hugo

SUMÁRIO

- 11 **PREFÁCIO**
- 15 **AGRADECIMENTOS**
- 17 **INTRODUÇÃO**
- 21 **AS MUITAS LENDAS DO VINHO**
- 25 **A ORIGEM DO VINHO**
- 27 DE ROMA PARA O MUNDO
- 33 **A CHEGADA DO VINHO AO BRASIL**
- 51 **O MAPA DA VITIVINICULTURA BRASILEIRA**
- 53 PRINCIPAIS REGIÕES PRODUTORAS
- 53 Serra Gaúcha
- 54 Serra do Sudeste
- 54 Campos de Cima da Serra
- 55 NOVAS FRONTEIRAS

INDICAÇÃO GEOGRÁFICA ATESTA A QUALIDADE DO VINHO BRASILEIRO   67

                VALE DOS VINHEDOS   70
                PINTO BANDEIRA   72
                ALTOS MONTES   74
                MONTE BELO   74
                FARROUPILHA   76
                VALES DA UVA GOETHE   76
                CAMPANHA GAÚCHA   78
                VINHOS DE ALTITUDE DE SANTA CATARINA   79
                VALE DO SÃO FRANCISCO   81

PRINCIPAIS VARIEDADES VINÍFERAS   85

                BRANCAS   85
                TINTAS   90

NOSSOS VINHOS, NOSSAS RECEITAS   99

BONS E BREVES ESCLARECIMENTOS   187

PEQUENO GLOSSÁRIO DO VINHO   195

REFERÊNCIAS BIBLIOGRÁFICAS   217

PREFÁCIO

EM 1995, INICIEI MEU PRIMEIRO NEGÓCIO em gastronomia, um bistrô em uma rua escondida da Lagoa da Conceição, em Floripa, e, com meu pouco conhecimento, resolvi participar da primeira edição do que seria o melhor evento enogastronômico do Brasil, o Boa Mesa – muito bem gerido e com nomes que até então só conhecia de revistas e restaurantes que frequentava.

Meu pequeno bistrô cresceu, o público se internacionalizou, e precisei correr atrás de um modo de falar corretamente ao menos o nome dos ingredientes no idioma dos clientes. O *Dicionário tradutor de gastronomia em seis línguas* virou bíblia do salão e da cozinha do bistrô!

Por trás dessas duas descobertas estava Roberta Malta Saldanha, autora do *Dicionário* e uma das idealizadoras do Boa Mesa.

Anos mais tarde, do outro lado da linha, a escritora ganhadora do prêmio Jabuti por um livro de destaque na minha estante, o *Histórias, lendas e curiosidades da gastronomia,* me liga para me convidar a participar do *Histórias, lendas e curiosidades da confeitaria e suas receitas*. Não me lembro de ter perguntado como Roberta chegou a mim e, se perguntei, não lembro a resposta; fiquei tão envaidecido com o convite que congelei a memória. Duas receitas minhas estão no livro que tornou minha vida mais doce, e aquele convite para tê-las naquele livro me deixou tão emocionado e orgulhoso quanto o convite para escrever o prefácio deste. Viver os livros da Roberta é uma viagem que me serviu de roteiro para muitos dos cardápios e pratos que criei.

Os textos da Roberta são impecáveis e instigantes, e, para cozinheiros como eu, são, sim, revolucionários, como é a seleção dos cozinheiros que, com sua sensibilidade e profissionalismo, escala para ilustrar seus textos com receitas autorais, contemporâneas, de raiz. Sempre um time heterogêneo na representatividade, mas coeso na qualidade do material apresentado, onde o Brasil é o protagonista.

Desta vez, Roberta contempla, uma vez mais, o vinho fino brasileiro, mostrando que a bebida não só superou a lenda de que no Brasil nunca teríamos bons vinhos, como o fez com muita competência. Em pouco mais de vinte anos, nossa vitivinicultura alcançou um padrão de qualidade que muitas regiões levaram até séculos para alcançar! O Brasil é, sim, lugar de produção das boas, com reconhecimento em todo o mundo. E não é só do Rio Grande do Sul que saem bons rótulos. Bahia, Pernambuco, Minas Gerais, Goiás, São Paulo e Santa Catarina também surpreendem os mais exigentes apreciadores da bebida, com vinhos de sabores e aromas que nos fazem sorrir ao degustá-los.

Vinho brasileiro, muito prazer! traz a história, os roteiros, desafios e as curiosidades dessa bebida que envolve e inebria as pessoas com seu encanto e poder. Sabores, harmonizações, receitas, dicas, conceitos e significados, além das palavras de conhecedores e amigos da autora, tudo para que o leitor amenize a curiosidade e conheça a história que aqui no Brasil também encontra importante trajeto e personalidades.

Embarquei nessa viagem pela história do vinho e me surpreendi com a quantidade de informação relevante a qualquer enófilo ou apreciador. O prazer com que a autora nos revela os caminhos do vinho me leva a propagar a obra a qualquer pessoa que se interesse por história, gastronomia, cultura nacional enfim, aos apreciadores de uma boa leitura.

Um brinde ao vinho brasileiro! Um brinde à escritora, e amiga, e técnica de "times" campeões, Roberta Malta Saldanha!

André Vasconcelos
Cozinheiro e proprietário de
O Vilarejo Hospedaria & Gastronomia

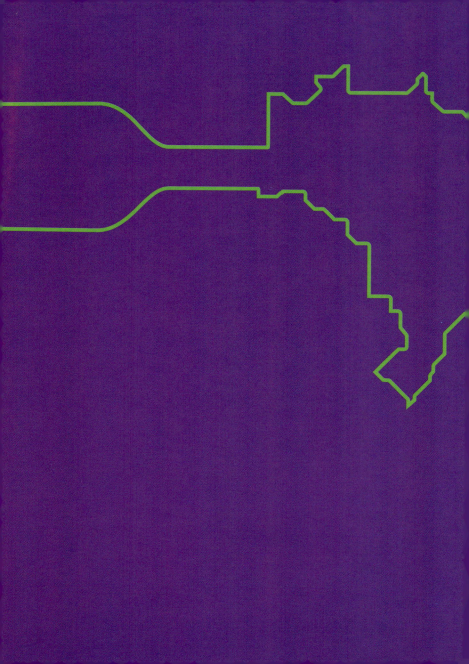

AGRADECIMENTOS

AOS PROFISSIONAIS Didu Russo, Francisco Mickael de Medeiros Câmara, Gabriel Machado de Figueiredo, Jorge Tonietto, Lucas Bueno do Amaral, Marcelo Copello, Murillo de Albuquerque Regina e, em especial, Deise Novakoski, que me forneceram informações e depoimentos imprescindíveis para a elaboração deste livro.

Aos chefs Adriana Lucena, Amanda Vasconcelos, Daniela Martins, Debora Shornik, Flávia Quaresma, Ieda Matos, Janaína Rueda, Lia Quinderè, Lisiane Arouca, Luana de Sousa Oliveira, Manu Bufarra, Raquel Novais, André Barros, Diogo Sabião, Fábio Vieira, Francisco Ansiliero, Juarez Campos, Marcelo Cotrim, Marcos Livi, Paulo Machado, Rafael Bruno, Rodrigo Oliveira, Rodrigo Levino, Saulo Jennings e Wanderson Medeiros, que cederam generosamente suas deliciosas receitas e ainda se incumbiram de harmonizá-las.

Aos meus parceiros e muito queridos amigos, Denise Rohnelt de Araujo e André Vasconcelos, por abraçarem este projeto com tanto entusiasmo e carinho.

A Eugenio Mariotto, meu marido.

INTRODUÇÃO

A ALQUIMIA NATURAL que transforma uvas em vinho fascina o homem desde muito. A história do vinho remonta há cerca de 6 mil anos antes da era cristã e mobiliza arqueólogos, cientistas e pesquisadores mundo afora em busca de sua origem.

Lendas, por sua vez, passeiam por diferentes povos e culturas e alimentam nosso imaginário com diversas versões que revelam deuses, heróis, reis e personagens bíblicos.

Historiadores nos guiam em uma viagem que parte da Turquia e do Irã, passa pelo Egito e pela Grécia, desemboca na Itália e, de lá, segue em direção a Espanha, Portugal, França e Alemanha. Com as Grandes Navegações, há escala no México, nos Estados Unidos e nas, até então, antigas colônias espanholas (Argentina, Chile e Peru) até finalmente alcançar terras brasileiras com as primeiras expedições colonizadoras de Martim Afonso de Souza, em

São Paulo, e de Duarte Coelho, em Pernambuco. Entre erros e acertos, chegam à prosperidade no planalto de Piratininga e na Ilha de Itamaracá.

A história do vinho sucumbe à "corrida de ouro" nas Gerais e, pouco depois, ao protecionismo português na figura de Dona Maria I, a Louca. A redenção vem com a chegada de Dom João VI e, anos depois, a produção é retomada pelos primeiros imigrantes alemães na região Sul. Contudo, somente em 1875 começou a se fortalecer graças aos milhares de imigrantes italianos que, com eles, trouxeram a ligação atávica com a terra, com o vinho. Ligação que se traduziu em força, tenacidade e paixão. Paixão pela terra, pelo cultivo da uva e do vinho.

A história avança. Surge o movimento cooperativista; os produtores buscam aprimorar suas técnicas de produção, introduzem castas europeias mais nobres, profissionalizam o setor e veem surgir novas vinícolas com foco em vinhos finos.

Com um cenário vitivinícola tão promissor, multinacionais começam a se instalar em nosso território nos anos de 1970. A concorrência, somada à liberação das importações, beneficiou o mercado que se tornou mais competitivo e gerou um consumidor mais atento, mais exigente.

Progredimos, nos fortalecemos, conquistamos nossa primeira indicação geográfica, o reconhecimento do mercado externo, acumulamos premiações, ousamos e aprendemos como "enganar a videira". A técnica da dupla poda, desenvolvida por Murillo Regina de Albuquerque, escancarou nossas fronteiras, fez surgir novos *terroirs* e continua a redesenhar o mapa dos vinhos no Brasil.

Ficamos ávidos por saber mais sobre essa bebida inebriante, suas uvas e suas particularidades; por dominar sua terminologia; por aprender a combinar seus sabores com receitas; por desfrutarmos mais, sabendo mais.

Nossa jovem vitivinicultura tem muito do que se orgulhar. Brindemos a ela!

"CURIOSO, aproximou-se e NOTOU umas FRUTINHAS desconhecidas."

AS MUITAS LENDAS DO VINHO

NO ANTIGO TESTAMENTO, EM *GÊNESIS* (9.20-25) lemos que, depois do desembarque da Arca nas terras de Ararat (hoje Turquia), após o dilúvio, Noé passou a cultivar a terra. Plantou uma vinha e das uvas fez vinho, que bebeu sofregamente, acabando por ficar completamente embriagado e protagonizar o primeiro grande porre da humanidade. Muito tempo depois, para evitar que seus cardeais exagerassem na bebida, o papa Júlio II (1443-1513) mandou Michelangelo pintar essa história no teto da Capela Sistina, no Vaticano, bem acima da vista dos cardeais.

Também na mitologia grega encontramos uma história sobre dilúvio que remete à origem do vinho. Segundo o relato, Zeus castigou os homens com uma grande inundação da qual sobreviveu apenas um casal que gerou três filhos: Heleno, o primogênito, Orestes, que teria plantado a primeira vinha, e Anfictião, a quem Dioniso, deus do vinho, ensinou a produzir a bebida.

A versão babilônica de Noé aparece na *Epopeia de Gilgámesh*, possivelmente uma das obras literárias mais antigas de que temos conhecimento (c. 1800 a.C.). Uta-napíshti, "o Longínquo", também construiu uma arca, abrigou seus familiares, seus amigos e os animais de sua escolha, mas não produziu vinho, como Noé. O vinho aparece em outra parte dos escritos, na qual o herói Gilgámesh entra no reino do Sol e encontra um vinhedo encantado.

Uma lenda basca celebra um herói chamado "Ano", que teria trazido as videiras em um barco antes de Atlântida afundar no mar e desaparecer em decorrência de um tsunami. Interessante salientar que o basco é uma das línguas mais antigas da Europa e "ano", nesse idioma, é uma das variantes para a palavra "vinho". Em outra lenda grega, havia um pastor de nome Staphyle que levava diariamente seu rebanho para passear. Em um belo dia ele percebeu certa agitação no local onde algumas cabras brincavam. Curioso, aproximou-se e notou umas frutinhas desconhecidas. Apanhou algumas e levou-as para o palácio do rei Oinos, que, disposto a experimentá-las, esmagou-as e delas extraiu um sumo cujo sabor melhorava com o passar do tempo. Certo dia, o rei se distraiu e esqueceu um pouco daquele suco em uma bolsa de pele de carneiro. Tempos depois, sem se lembrar do ocorrido, achando que estava bebendo um sumo fresco, provou do conteúdo da bolsa e o resultado foi um efeito inebriante. Estava descoberto o vinho. Por isso, em grego, a palavra "videira" é designada por *staphyle*, e "vinho", por *oinos*.

Encontramos ainda uma famosa lenda persa sobre a descoberta do vinho protagonizada por Jamshid, um rei persa semimitológico que haveria governado a terra por 300 anos. Durante seu próspero governo teriam surgido diversas invenções e descobertas, desde armas, tecelagem, construção civil, mineração, navegação e até mesmo o vinho. Grande apreciador de uvas, para poder comê-las durante o ano todo, costumava estocá-las em jarras. Certa vez, uma das mulheres do rei, tendo sido expulsa do harém, desiludida com sua vida, resolveu se matar. Ao se deparar com umas dessas jarras – identificada como imprópria para consumo –, notou que dela escorria um líquido que exalava um odor muito forte. Julgando tratar-se de veneno, bebeu alguns goles, vindo a cair em sono profundo. Ao despertar sentindo-se revigorada, ela então levou sua descoberta ao rei, que, de tão encantado com a novidade, não só a aceitou novamente no harém como também ordenou que todas as uvas cultivadas na cidade de Persépolis fossem utilizadas na produção de vinhas.

Para os romanos, devemos a Baco o desenvolvimento da uva e do vinho. Filho do deus Júpiter com a mortal Sêmele, Baco sofreu a perseguição implacável e raivosa de Juno, esposa de Júpiter. Criado como menina para enganar Juno, certo dia Baco encontrou cachos de uvas, espremeu-os e bebeu o suco. A partir daí saiu pelo mundo divulgando o cultivo da uva e sua transformação em vinho.

No Novo Testamento, o vinho é mencionado 127 vezes e é parte importante de celebrações, como a Páscoa. Segundo o Evangelho de João (2:1-11), Cristo teria realizado seu primeiro milagre ao transformar água em vinho em uma festa de casamento em Canaã. Além disso, na última ceia, com os apóstolos, teria consagrado a bebida como um dos símbolos do Cristianismo, atribuindo-lhe a força de seu próprio sangue.

"Na RENASCENÇA, o vinho já era um PRODUTO de muito PRESTÍGIO"

A ORIGEM DO VINHO

É IMPOSSÍVEL PRECISAR A ORIGEM HISTÓRICA DO VINHO, visto que a fermentação é um processo natural que pode ter sido descoberto de maneira simultânea em diversas regiões do mundo. Segundo o historiador canadense Rod Phillips, os primeiros indícios de fabricação do vinho surgiram em uma região do Crescente Fértil: as encostas do Cáucaso entre o mar Negro e o mar Cáspio, da montanha Tauros do leste da Turquia e a parte norte das montanhas Zargos no oeste do Irã. Em termos de fronteiras políticas modernas, ele explica, essa é a região onde Irã, Geórgia e Turquia se encontram com Armênia e Azerbaijão. "É possível que o homem tenha cultivado uvas nessa parte do mundo em 6000 a.C.", diz. (*Uma breve história do vinho*, Record, 5ª ed. 2014)

Em 2000 a.C., antes dos relatos mitológicos e dos textos bíblicos, os babilônios promulgaram leis que já faziam referência a vinhos – o *Código de Hamurabi* e o *Código dos Hititas*. Também assírios e persas apreciavam a bebida. Evidências arqueológicas apontam, inclusive, que os primeiros reis persas já negociavam o vinho na região.

O vinho também fazia parte da alimentação dos egípcios, que aproveitaram a incipiente irrigação do Nilo para plantar uvas e delas obter vinho, conforme textos gravados nas paredes dos templos e nas tumbas. A bebida, até então, era reservada a ricos e a sacerdotes, assim como as vinhas eram de propriedade dos mais abastados. Como nas garrafas de hoje, as ânforas de barro traziam dados do vinho: o ano da colheita, a procedência da uva e o nome do vinhateiro. Centenas dessas ânforas contendo vestígios de vinho foram enterradas na tumba de um dos primeiros faraós egípcios, Escorpião I, que viveu por volta de 3150 a.C. Também a descoberta, em 1922, de vasos e ânforas de vinho na tumba de Tutancâmon (1371-1352 a.C.), décimo primeiro faraó da XVIII Dinastia do Novo Império, é prova incontestável de como a viticultura já era organizada no Egito Antigo. Em dois jarros havia a inscrição: "Quarto ano. Vinho de muito boa qualidade da propriedade de Aton nas margens do rio Ocidental. Enólogo: Ramose." Hieróglifos revelam que terras denominadas pomares de vinhas eram cultivadas em Fayum (130 quilômetros a sudeste do Cairo) e no delta do Nilo.

Foi por volta de 2500 a.C. que os laços comerciais entre Egito e Creta começaram a se estreitar, incluindo a comercialização do vinho. Aliás, foi nessa ilha que se descobriu a mais forte evidência do início da vinificação: uma massa prensada de cascas, sementes e engaços datada provavelmente de 3500 a.C. De lá, a produção de vinhos teria se espalhado por todo o mar Egeu. Acredita-se que tenham sido os cretenses os responsáveis pela entrada da vitivinicultura na Grécia, onde conquistou inúmeros entusiastas que costumam dizer que a primeira taça era para a saúde, a segunda para o amor e a terceira para o sono. O vinho grego era muito diferente do que conhecemos hoje: era feito de suco de uva fermentado, muito provavelmente com uvas secas, resultando em um xarope doce, geralmente consumido com água do mar e tão espesso que era preciso água quente para dissolvê-lo. Os vinhedos estavam localizados nos principais centros populacionais, como Atenas, Esparta, Tebas e Argos, e as videiras eram sempre plantadas próximas à água.

Com total domínio das técnicas de vinificação, por volta de 800 a.C. os gregos levaram a industrialização do vinho para a região que hoje corresponde à Itália – a Península Itálica, aliás, era chamada de Enótria, ou seja, a terra do vinho –, onde havia videiras plantadas pelos etruscos, que já elaboravam e comercializavam a bebida para a Gália e a Borgonha. O vinho também se aproximou da Pérsia e da Índia, onde não deixou rastros, e da China, embora não se saiba se lá ela era feita de uvas ou de arroz.

De Roma para o mundo

Deve-se a Roma a popularização do vinho na Antiguidade. Movidas pelo ritmo da expansão imperial, as legiões transportavam para vários lugares os costumes, a alimentação, a cultura latina e a do vinho. Elas expandiram os vinhedos para a região que hoje engloba Espanha e Portugal e para partes do que atualmente é a França e a Alemanha. As vinhas contribuíam para fixar o homem à terra ocupada. O vinho, por sua vez, ajudava os legionários no combate às infecções causadas por águas contaminadas por dejetos e cadáveres já que o resveratrol – substância química encontrada principalmente nas sementes de uva e na película das uvas pretas – ajuda a combater infecções. Por volta de

250 a.C., os romanos estenderam o cultivo de uvas viníferas para as regiões de Languedoc, Auvergne, Borgonha, Bordeaux, Paris, Champagne, para os vales do Rhône e do Loire e ao longo dos rios Mosel e Reno.

Sabemos que o imperador Júlio César saiu de Roma e, em apenas 6 anos, conquistou praticamente todo o restante da Europa, chegando até a Grã-Bretanha. Grande apreciador dos vinhos italianos, César definiu uma lei agrária, presenteou seus generais com terras na Gália e determinou que plantassem vinhedos. Surgiam aí os vinhedos que ficariam conhecidos como *"romanées"*, entre eles, um dos mais famosos do mundo, o Romanée-Conti.

Ao final do século I a.C., Roma era a maior cidade do mundo Mediterrâneo, com 1 milhão de habitantes que consumiam entre 100 milhões e 200 milhões de hectolitros de vinho por ano. Aos pobres e escravos era reservado um vinho barato, misturado com água, o *Lora*, bebida amarga e fraca, resultante do reaproveitamento das sobras de cascas e sementes utilizadas na produção. Entre os soldados, era comum o consumo da *Posca*, bebida feita da mistura de água com o vinho já avinagrado. Teria sido essa a bebida oferecida a Jesus Cristo quando de sua crucificação. Já a elite consumia vinhos de qualidade superior, guardados e envelhecidos em barris de carvalho, como o *Opimiano*, proveniente da região de Falernum, onde hoje fica Nápoles. A cidade de Pompeia, destruída por uma erupção do Vesúvio há 2 mil anos, era a que mais produzia vinho. Das 31 vilas descobertas nos arredores de Pompeia, 29 fabricavam a bebida.

Quando, em 391, Teodósio I resolveu dividir seu império entre os dois filhos – Honório (que ficou com o Ocidente) e Arcádio (com o Oriente) –, iniciou-se a derrocada do Império Romano, cujo fim foi decretado em 476. Com isso a produção vinícola se tornou cara e praticamente inviável na maior parte do território. Coube à Igreja, que tinha necessidade de vinho para seus rituais, assegurar a sobrevivência da viticultura. Os monges não se contentaram em apenas fazer vinhos: eles se tornaram peritos em sua preparação, aprimorando alguns dos que viriam a ser os melhores vinhedos da Europa e do mundo. São inúmeros os grandes vinhos europeus que devem sua origem à atividade monástica. Um bom exemplo da forte relação entre a igreja e o vinho é o mosteiro de Eberbach, fundado em 1136, em Etville, na Alemanha. Ele foi o maior estabelecimento vinícola do mundo durante os séculos XII e XIII, e, hoje, restaurado, está aberto ao público, não só para visitas e eventos mas também para provas e compras de vinhos produzidos nas suas terras.

A ascensão da Igreja Católica e o incentivo do papa Gregório Magno para que as ordens monásticas voltassem a difundir a produção de vinho e o plantio de uvas viníferas deram fôlego novo ao vinho. A bebida passou a ser objeto de intenso comércio; vilas começaram a ser formadas ao redor dos vinhedos; fazendeiros, orientados pelos monges, incrementaram e ampliaram as próprias plantações; e a viticultura se tornou a mais importante forma de atividade agrícola. Os hospitais também foram centros de produção e distribuição de vinhos, à época. Um dos mais famosos é o Hospices de

Beaune, fundado em 1443, na Borgonha, França, até hoje mantido pelas vendas de vinho.

Foi ainda no decorrer da Idade Média, por volta do ano 1300, que surgiu o primeiro livro impresso sobre vinho, o *Liber de vinis*. Escrita por Arnaldus de Villanovanus, médico e professor na Universidade de Montpellier, na França, a obra cita as propriedades curativas de vinhos aromatizados com ervas para uma infinidade de doenças. Também denuncia falcatruas cometidas pelos comerciantes da bebida antes de oferecerem seus vinhos: "(...) fazem vinhos amargos e azedos parecerem doces, persuadindo os provadores a comerem primeiro alcaçuz, nozes ou queijo velho e do dia a dia."

Na Renascença, o vinho já era um produto de muito prestígio. Com as Cruzadas encerrando o domínio árabe sobre a costa da Europa e da África, iniciou-se o período das Grandes Navegações. Por volta de 1453, em sua segunda viagem às Antilhas, Cristóvão Colombo introduziu a uva no México, no sul dos Estados Unidos e nas então colônias espanholas da América do Sul (Argentina, Chile e Peru).

Com a Revolução Industrial, no século XVIII, ocorreram dois grandes avanços: a fabricação de garrafas de vidro e de rolhas de cortiça. Somem-se a isso duas importantes contribuições: a de Jean-Antoine Chaptal, ministro de Napoleão, que inventou o processo chamado de chaptalização (adição de açúcar ao mosto para aumentar o teor alcoólico do vinho, melhorando sua conservação) e a de Louis Pasteur, que criou o processo de pasteurização.

Na segunda metade do século XIX, começando pela França, depois pela Itália, pela Espanha e pela Alemanha, passando pela África do Sul, pela Nova Zelândia e pela Califórnia, um pulgão americano denominado *Phylloxera vastatrix*, que se alimenta das raízes da parreira, atacou a maioria dos vinhedos do mundo. Apenas aqueles do estado de Washington e do Chile não foram invadidos pelo inseto. Considera-se que as condições de solo e clima tenham impedido o ataque em ambos os casos, e que os vinhedos chilenos ainda foram favorecidos por suas barreiras naturais: a cordilheira dos Andes e o deserto de Atacama.

A partir do século XX, segundo Hugh Johnson, jornalista inglês e autor do livro *A história do vinho* (Companhia das Letras, 1999), a elaboração dos vinhos tomou novos rumos com o desenvolvimento tecnológico na viticultura e da enologia, propiciando conquistas tais como o cruzamento genético de diferentes cepas de uvas, o desenvolvimento de cepas de leveduras selecionadas geneticamente, a colheita mecanizada, a fermentação "a frio" na elaboração dos vinhos brancos e várias outras.

"Com a **PRODUÇÃO** e o comércio florescendo, no início do século XX começaram a aparecer as primeiras **VINÍCOLAS** brasileiras"

A CHEGADA DO VINHO AO BRASIL

"TROUXERAM-LHES VINHO EM UMA TAÇA; mal lhe puseram a boca; não gostaram dele nada, nem quiseram mais." Assim, Pero Vaz de Caminha, em carta a D. Manuel, descreve a reação dos nossos índios ao vinho do Alentejo, adquirido em uma propriedade chamada de Pera Manca, que chegou ao Brasil com a esquadra de Cabral. No entanto, historiadores sempre observaram que os índios usavam as frutas brasileiras para fabricarem "seus vinhos". O famoso cauim de mandioca era um "vinho" muito apreciado por eles, consumido somente em rituais e na véspera das cerimônias de canibalismo. Embora tenham rechaçado boa parte dos animais e plantas trazidos pelos portugueses, os índios passaram a usar a cana-de-açúcar na produção de vinhos e também aprenderam a apreciar o *cagui-été*, isto é, "vinho de Portugal".

Foi pelas mãos do viticultor português Brás Cubas que as primeiras mudas de *Vitis vinifera*, provenientes da ilha da Madeira, no Oceano Atlântico, a sudoeste da costa portuguesa, desembarcaram no Brasil, em 1532, junto com a expedição de Martim Afonso de Sousa, incumbido de dar início à colonização do Brasil. Inicialmente, as mudas foram plantadas nas sesmarias que lhe foram doadas na Capitania de São Vicente, no atual município de Cubatão, em São Paulo. As condições adversas de clima e solo – umidade, altas temperaturas, formigas – condenaram sua plantação ao fracasso. Persistente, Brás Cubas subiu a serra e, em um terreno no planalto de Piratininga, que viria a ser posteriormente o bairro paulistano do Tatuapé, resolveu tentar implantar um vinhedo, dessa vez com sucesso. Em suas *Narrativas epistolares*, de 1585, o padre Fernão Cardim conta: "Tem muitas vinhas e fazem vinho e o bebem antes de ferver de todo; nunca vi em Portugal tantas uvas juntas como vi nestas vinhas", referindo-se a São Paulo de Piratininga, região onde melhor se desenvolviam os parreirais. O vinho ali produzido, embora de qualidade inferior, supriu a falta do produto português e rendeu dividendos à região. Conta-se que, na missa inaugural do Colégio de São Paulo, em 1554, celebrada pelo padre jesuíta Manoel da Nóbrega, tenha sido utilizado vinho proveniente de lá.

No Nordeste, a chegada da primeira expedição colonizadora à capitania de Pernambuco, comandada por Duarte Coelho, marca o início da viticultura local com a plantação de cepas provenientes de Portugal. O fomento ao cultivo da vinha apenas 10 anos depois de Brás Cubas coube ao capitão local, João Gonçalves. Enquanto os vinhedos prosperavam na capitania de Pernambuco favorecidos pelo *terroir* da região – clima tropical, topografia plana, presença de rios –, o padre espanhol Roque González de Santa Cruz, vindo do porto de Santa Maria de los Buenos Aires, deu início ao cultivo das videiras no Sul do país, na região das Missões Jesuíticas. Santa Cruz plantou a primeira parreira na Redução de São Nicolau, na região de Tape, atual Rio Grande do Sul, com a ajuda dos índios guaranis, em 1626. Nos primeiros tempos, a escassez de vinho era um problema grave para os jesuítas. Muitos deixavam de rezar a missa por falta da bebida, que era de difícil importação e muito cara.

Registros da primeira ata da sessão de implantação da Câmara de São Paulo, em 1640, dão conta de que a cidade já se destacava na produção do vinho comum, com vinhedos que se estendiam para além do Tamanduateí, chegando até Mogi das Cruzes.

Com a descoberta de ouro e de minerais preciosos em Minas Gerais, em início dos setecentos, que gerou a histórica "corrida do ouro", a agricultura paulista entrou em declínio e, junto com ela, os vinhedos; sobrava ganância onde faltava comida. No Nordeste, enchentes e pragas dizimaram as vinhas de Itamaracá. Também no Sul, com a dominação portuguesa imposta sobre os povos missioneiros – nossos colonizadores não queriam a concorrência de vinhos brasileiros com os vinhos exportados de Portugal para o Brasil –, o cultivo de uvas e a produção de vinho foram interrompidos, sendo retomados mais de um século depois, com a chegada dos açorianos e madeirenses à região litorânea do Rio Grande do Sul, incentivados pelo programa oficial de imigração arquitetado por D. João V, em 1746.

Os açorianos trouxeram mudas portuguesas – do arquipélago dos Açores, da ilha da Madeira e do continente –, implantando vinhedos em Porto dos Casais (atual Porto Alegre) e Gravataí. Infelizmente, a falta de incentivo e de técnicas adequadas de cultivo, somadas à umidade típica da região, não favoreceram o desenvolvimento vitivinícola, e as vinhas não vingaram. Além disso, um alvará assinado em janeiro de 1785 pela rainha portuguesa D. Maria I (a mãe de D. João VI, que ficaria conhecida como "a Louca"), proibindo a atividade manufatureira no Brasil, o que incluía a elaboração de vinho, fez com que a então incipiente indústria brasileira do gênero adormecesse. Embora os parreirais continuassem existindo e se expandindo no Rio Grande do Sul – em 1817, decreto do príncipe regente D. João VI reconheceu o português açoriano Manoel de Macedo Brum da Silveira como o primeiro a cultivar a videira e a produzir vinho, na capitania do Rio Grande do Sul. Silveira chegou a produzir 45 pipas de vinho por ano, em Rio Pardo –, a medida só foi revogada por D. João VI, com a fuga da família real para o Brasil, em 1808, fugida de Napoleão. Apesar disso, nossa viticultura só voltou a ganhar fôlego e tomar novos rumos com a declaração de independência do Brasil e com a chegada dos primeiros imigrantes italianos à Serra Gaúcha, em 1875.

A imigração se fazia necessária para substituir o trabalho escravo pela mão de obra livre dos europeus, mais barata e especializada, nas lavouras de café e de cana-de-açúcar, ao mesmo tempo que contribuía para o tão sonhado branqueamento da população. Em 1800, apenas um terço da população brasileira era branca. Além disso, as terras devolutas (pertencentes ao governo) situadas na Serra Gaúcha eram alvo de muita cobiça por parte de países vizinhos (Paraguai, Uruguai e Argentina), em razão de suas riquezas naturais, e precisavam ser povoadas com urgência. Já em 1824 começaram a desembarcar no Sul do país milhares de alemães. Atraídos pela promessa de terras férteis e planas, alguns bois e vacas, ferramentas, ajuda de custo de 1 franco por pessoa no primeiro ano e isenção de impostos, eles formaram a primeira colônia, a de São Leopoldo, perto de Porto Alegre. É por essa época que o técnico italiano João Batista Orsi, enviado por D. Pedro I, em 1825, se estabelece na Serra Gaúcha, cultiva uvas europeias e se torna um dos pioneiros na produção de vinhos na região.

Com as dificuldades de adaptação das videiras europeias do gênero *Vitis vinifera* ao nosso clima, foram introduzidas as castas americanas, mais resistentes a pragas e doenças, como a Isabel, em 1839. Seu cultivo começou na ilha dos Marinheiros, no sul da capital gaúcha, pelas mãos do comerciante inglês Thomas Messiter, com mudas enviadas dos Estados Unidos pelo gaúcho Joaquim Marques Lisboa.

Decorridos 21 anos, o cultivo já tinha se espalhado por todo o estado e já formava vinhedos nas cidades de Pelotas, Gravataí, Montenegro, Viamão, e nos municípios do Vale dos Sinos. Deu tão certo que até hoje é a variedade mais plantada no Rio Grande do Sul. Seu nome se deve a Isabella Gibbs, fazendeira norte-americana que a difundiu nos Estados Unidos, e não à princesa Isabel, filha de Dom Pedro II, como alguns alegam.

Em 1870, a Itália estava entre os países mais pobres e populosos da Europa, com enorme oferta de mão de obra em razão das guerras de unificação – foram 57 anos até a Itália completar a sua unificação e se tornar tal como é hoje. Isso fomentou fortes correntes migratórias, provenientes em sua maioria do Vêneto (54%), do Trento (7,5%) e da Lombardia (33%), regiões do norte da Itália com forte tradição em vitivinicultura, com destino ao jovem e próspero Brasil, que apresentava uma situação inversa à da Itália. A chegada dos primeiros imigrantes italianos, com seus conhecimentos e técnicas de produção, em 1875, ao Sul do Brasil marcou o grande momento da história da vitivinicultura nacional. As colônias então fundadas – Dona Isabel (hoje Bento Gonçalves), Conde d'Eu (Garibaldi), Campos dos Bugres (Caxias do Sul), Nova Trento (Flores da Cunha), Nova Vicenza (Farroupilha), entre outras – constituem o maior e mais importante núcleo brasileiro de vitivinicultura.

Os italianos traziam na cabeça uma determinação: vir para o Brasil *per catare la cuccagna* [para fazer fortuna]. Na bagagem carregavam mudas de videiras de sua terra natal, como *Barbera*, *Bonarda*, *Moscato* e *Trebbiano*, as quais ou não sobreviviam à viagem, ou não se adaptavam à nova terra. Os alemães, então, que já haviam passado por experiência semelhante com espécies trazidas do vale do Reno, forneceram as mudas de uva Isabel, muito bem adaptadas no Sul, para que fossem plantadas junto às casas para consumo próprio, o que possibilitou que a cultura do vinho persistisse e subsistisse até hoje.

Logo, as videiras de espécies americanas passaram a predominar – ainda hoje a casta Isabel ocupa a maioria dos parreirais do Rio Grande do Sul. O êxito dessa variedade era tão surpreendente que os colonos iniciaram a comercialização do vinho Isabel para Porto Alegre, São Sebastião do Caí, Montenegro e São Leopoldo, favorecidos também pela melhoria das estradas e dos transportes.

Com a produção e o comércio florescendo, no início do século XX começaram a aparecer as primeiras vinícolas brasileiras: Monaco (1908), Dreher (1910), Salton (1910), Armando Peterlongo (1915), pioneira na elaboração do espumante natural brasileiro, e a Companhia Vinícola Rio-Grandense (1929).

A forte preocupação com a melhoria da qualidade do vinho aumentou, e se fez necessária a introdução de castas mais nobres, originárias da Europa, as *Vitis vinifera*. Deve-se ao italiano Celeste Gobbato, que assumiu a direção da Estação Experimental de Viticultura e Enologia (EEVE), em 1928, a introdução de diversas variedades de uvas para vinho, como Pinot Blanc, Pinot Noir, Sauvignon Blanc, e uvas de mesas, como a Pirovano, mais conhecida como uva Itália. Gobbato também escreveu o *Manuale del produtore de vino*, livro de enorme sucesso entre os colonos por ter sido redigido em italiano, e o *Manual do vitivinicultor brasileiro*, que se tornou a principal referência na área em todo o país. Ainda no intuito de melhorar a qualidade do vinho produzido, a Escola de Engenharia de Porto Alegre contratou um grupo de experientes professores, na Itália, liderados por Gobbato, que veio com a missão de ensinar viticultura e enologia, no Instituto de Agronomia e Veterinária da Escola.

A par e passo para resolver os problemas de comercialização e distribuição e fazer frente aos comerciantes/negociantes que compravam vinho, a seu bel-prazer, pelo preço que queriam e pagavam apenas quando lhe "davam na veneta" – sem mencionar o fato de que ainda batizavam o produto com alcoólicos inferiores produzidos em São Paulo –, surgiu a ideia de montar cooperativas, o que beneficiou muito a vitivinicultura gaúcha. A fim de instruir os produtores a se organizarem, o advogado italiano Stefano Paternó, especialista em montagem de cooperativas, foi contratado pelo estado. Paternó foi responsável por levantar empréstimos, construir grandes estabelecimentos, importar máquinas e contratar técnicos especializados na Itália, o que possibilitou que, em pouco tempo, fossem fundadas mais de trinta cooperativas que comercializavam não apenas vinhos como também outros produtos. A vitinícola precursora foi a Forqueta, em 1929, seguida pela Aliança, pela Aurora e pela Garibaldi, dois anos depois. Fechando o ciclo das mais antigas cantinas[1] gaúchas, ainda foram fundadas a Georges Aubert (1951) e a Brière (1953), que mais tarde passou a ser chamada de Jolimont.

Desgostosos diante desse sistema, comerciantes e industriais, não contentes em difamar os vinhos das cooperativas, resolveram criar a Confederação dos Produtores de Vinho.

[1] Segundo *Houaiss*, o termo "cantina" para se referir a local que fabrica ou comercializa vinho é regionalismo do Rio Grande do Sul.

Até mesmo roubos e incêndios criminosos que destruíram equipamentos de algumas cooperativas ocorreram na ocasião. Infelizmente, uma grave crise econômica que envolvia o país inteiro veio a se somar a esse cenário, o que acabou por conduzir o movimento cooperativista ao fim.

Voltando um pouco na história, concomitantemente ao aparecimento das cooperativas, surgiu a Sociedade Vinícola Rio-Grandense, nome original da Companhia Vinícola Rio-Grandense, que assumiu o controle de toda a comercialização do vinho. Ela comprava as uvas dos produtores e as vinificava tanto nas cantinas de seus associados quanto nos postos de vinificação que a empresa havia começado a construir próximo aos parreirais.

Nos anos 1950, década marcada pelo fortalecimento da indústria e das cooperativas, a Rio-Grandense era a maior organização do setor vitivinícola brasileiro, com mais de 25% da produção gaúcha de vinhos. A Companhia foi ainda responsável pelos primeiros vinhos varietais do Brasil, cultivados no vinhedo Granja União, no município de Flores da Cunha, em 1935, que ganharam notoriedade e conquistaram o respeito dos consumidores. A estratégia dos dirigentes da Rio-Grandense, na década de 1970, de desativar suas estruturas de comercialização de vinhos, retirando-se dos principais mercados de vinho fino do país, e diversificar as atividades, investindo no ramo imobiliário, com o loteamento do parreiral Granja União, não poderia ter sido mais desastrosa. À má administração veio se somar uma tragédia ocorrida com o casal de proprietários da Rio-Grandense, Carlos Corrêa de Oliveira e Nilza Pinto de Oliveira, assassinados pelo próprio filho Carlos Alberto, o que levou ao encerramento das atividades da empresa em 1997.

O início da década de 1970 marca um dos momentos mais importantes desta história: a chegada ao país das multinacionais do ramo de bebidas, decididas a investir firme na viticultura gaúcha. Até então, a indústria vinícola brasileira era formada por empresas de pequeno porte, em sua maioria, e por cooperativas de produtores rurais. A maior parte da produção era de vinhos tintos procedentes de uvas americanas e híbridas, comercializados em garrafões de cinco litros, entre eles o famoso Sangue de Boi, da Aurora, marca líder de mercado até os dias atuais. O aporte de capital e recursos tecnológicos internacionais, aliado ao incentivo aos produtores locais para o cultivo de variedades europeias nobres apropriadas para vinho fino, foi decisivo para o incremento da produção e aperfeiçoamento dos vinhos brasileiros.

A primeira multinacional a se instalar no Brasil foi a Heublein, atual UDV, em 1972, ao comprar a vinícola Dreher, de Bento Gonçalves. Em 1973, a Martini & Rossi implantou suas cantinas, em Garibaldi, trouxe para o Brasil o enólogo argentino Adolfo Lona, conquistou a liderança no mercado de vinhos finos com o Château Duvalier e lançou os primeiros vinhos de origem controlada, os tintos Baron de Lantier, além da linha de espumantes De Gréville. Nesse mesmo ano, chegou a francesa Moët & Chandon, associada aos grupos Cinzano e Monteiro Aranha, para dar início à produção de espumantes e vinhos de mesa, com a denominação M. Chandon. Um ano depois, foi a vez da Maison Forestier, braço vinícola da canadense Seagram, com a linha Forestier, e da Almadén, braço vinícola da americana National Distillers, que se instalaram em Garibaldi e em Santana do Livramento, respectivamente. Com uma estratégia ousada, a Almadén, hoje propriedade do grupo Pernod Ricard, lançou, de uma tacada, mais de dez varietais no mercado, em 1985.

A concorrência se mostrou saudável, como sempre, e novas empresas brasileiras foram surgindo, entre elas Jota Pe, atual Vinícola Perini, Casa Valduga e Monte Lemos, hoje Dal Pizzol, e casas como Marson, Dom Cândido, Cordelier e Salton passaram a produzir vinhos finos.

Na mesma época, atraídas por melhores condições climáticas para a cultura de Vitis vinifera – uvas de qualidade que produzem vinhos superiores –, várias companhias se estabeleceram na região da Campanha Gaúcha (Bagé, Santana do Livramento, Pinheiro Machado e outros municípios). Decorridos 10 anos, a região do Vale do São Francisco, nos estados de Pernambuco e Bahia, tornou-se solo fértil para a plantação de algumas variedades brancas, como Sauvignon Blanc e Moscato Canelli, e tintas, como Cabernet Sauvignon, Pinot Noir e Syrah.

A liberação das importações e as reduções das tarifas aduaneiras possibilitaram chegar ao Brasil produtos mais sofisticados e a preços mais atraentes, tornando o mercado mais competitivo e o consumidor mais exigente. Somada a isso, a onda de sucesso alcançada pelos vinhos alemães de garrafa azul levou o setor a enfrentar uma grave crise nos anos 1990. Por outro lado, esse estado de incerteza ajudou a renovar o pensamento vinícola nacional. Assim, diversos pequenos e médios viticultores deixaram de vender uvas para as grandes vinícolas e partiram para a elaboração de seus próprios vinhos, e a administração familiar deu lugar à administração científica. Ademais, novas tecnologias de vinificação e técnicas de manejo de vinhedos foram aplicadas, bem como investimentos em qualificação de mão de obra e aquisição de equipamentos de última geração foram realizados, vinhedos foram renovados e expandidos, estratégias de mercados foram repensadas, ocasionando a necessidade de se organizarem as entidades. Esse novo cenário favoreceu o crescimento de pequenas e médias vinícolas regionais, como Miolo (1990), Don Laurindo (1991) e Pizzato (1998).

Outro momento importante para o vinho brasileiro ocorreu em setembro de 1995, quando o Brasil se tornou membro da International Organisation of Vine and Wine (OIV). Além disso, em 2002 foi criado o Wines of Brazil, projeto de promoção comercial dos vinhos brasileiros no mercado internacional, que atualmente é mantido pelo Conselho de Planejamento e Gestão da Aplicação de Recursos Financeiros para Desenvolvimento da Vitivinicultura do Estado do Rio Grande do Sul (Uvibra/Consevitis – RS), em parceria com a Agência Brasileira de Promoção de Exportações e Investimentos (Apex-Brasil). O projeto conta com a participação de dezenas de vinícolas e tem como mercados-alvo China, Estados Unidos, Reino Unido, Portugal e Alemanha, além de Chile, Colômbia, Paraguai, Peru e Japão. O Brasil, que vem desenvolvendo capacidade excepcional para a produção de vinhos de qualidade, é considerado uma das melhores regiões do mundo para o cultivo de uvas destinadas à produção de espumantes.

Somos o 14º maior produtor de vinhos do mundo e o 5º maior produtor de vinhos do Hemisfério Sul, com uma produção estimada de 3,6 milhões de hectolitros – um hectolitro representa 100 litros ou o equivalente a pouco mais de 133 garrafas-padrão de 750 ml – em 2021. No decorrer desse ano, 8.132.342 litros, ou seja, 10,8 milhões de garrafas saíram do Brasil e chegaram a 53 países. Paraguai, Haiti,

Rússia, China e Estados Unidos compõem, nessa ordem, o *ranking* dos cinco principais destinos dos rótulos, em volume.[2] Segundo o relatório *Brazil wine landscapes 2022* da Wine Intelligence, a base de consumidores regulares de vinho chegou a 51 milhões de brasileiros. Isso significa que 36% da nossa população adulta prova vinho ao menos uma vez por mês. Também nos tornamos o terceiro maior mercado virtual de vinhos do mundo. São mais de 10,6 milhões de consumidores, atrás apenas dos Estados Unidos (19,3 milhões) e da China (27,3 milhões). Um estudo da Ideal Consulting revela ainda que o mercado ficou estável, com a comercialização de 489,4 milhões de litros de vinho (no Brasil, como não se mede o consumo na ponta do caixa, o dado é a soma do total importado com a venda das vinícolas).[3] No entanto, o mercado de vinhos no Brasil tem espaço para crescer ainda mais. O vinho representa apenas 3,4% das bebidas alcoólicas consumidas no país, enquanto a cerveja é responsável por 61% do consumo.

Avançamos, ainda mais, na conquista de premiações internacionais, o que influencia diretamente na imagem do vinho brasileiro fora de nossas fronteiras e celebra a qualidade de nossa produção. Segundo a Associação Brasileira de Enologia (ABE), em 2022 somamos 704 premiações, em 23 concursos realizados em 12 países, das quais 389 delas foram concedidas aos espumantes. Os prêmios vieram de

2 https://www.comexdobrasil.cm/vinicolas-brasileiras-registram-alta-de-83,25-nas-exportacoes-e-vendas-alcancar-53-paises em 20/jan/2022.

3 https://www.estadao.com.br/paladar/le-vin-filosofia/o-que-2021-diz-sobre-o-vinho-de-2022/ em 28/jan/2022.

competições realizadas na Argentina, no Brasil, no Canadá, na Espanha, na França, na Grécia, na Hungria, na Itália, em Portugal, no Reino Unido, na Suíça e no Uruguai. Com esse recorde histórico de prêmios, os vinhos e espumantes brasileiros conquistaram 6.614 distinções desde 1995.[4]

Somente em 2022, na 19ª edição da Decanter World Wine Awards, um dos concursos internacionais mais importantes do setor, sediado em Londres, o Brasil conquistou 70 medalhas para vinhos e espumantes. Os vinhos receberam 16 medalhas de prata e 54 de bronze. Já os espumantes foram premiados com 10 medalhas de prata e 26 de bronze. A Serra Gaúcha foi a região brasileira mais premiada, liderando o *ranking* nacional com 38 medalhas. Além dela, também foram premiadas a Serra do Sudeste, a Serra da Mantiqueira, o Planalto Catarinense, a Região da Campanha e os Campos de Cima da Serra.[5]

O mundo inteiro está descobrindo o nosso vinho. Os consumidores brasileiros também. Em conversa com o amigo e especialista Marcelo Copello, ele atestou: "As perspectivas de crescimento do mercado do vinho no Brasil passam sempre pela macroeconomia (o poder aquisitivo da população) e pela flutuação do câmbio. Com minha visão de 30 anos de mercado, sei que esses fatores econômicos são

---

4 https://www.enologia.org.br/noticia/ano-fecha-com-704-premiacoes-em-23-concursos-internacionais em 16/dez/2022.

5 https://www.gov.br/secom/pt-br/assuntos/noticias/2022/06/vinhos-brasileiros-conquistam-medalhas-em-uma-das-maiores-premiacoes-do-mundo em 23/jun/2022.

permanentemente instáveis. Mas, uma coisa observei com muita clareza: o mercado sempre cresceu, com as flutuações de um barco em mar revolto, mas sempre navegando adiante, crescendo. E, o mais importante, nosso consumidor nunca deixou de beber cada vez mais vinho, e nunca deixamos de ter novos consumidores apaixonando-se pela bebida de Baco a cada dia."

"Para muito ALÉM das FRONTEIRAS da Serra GAÚCHA"

O MAPA DA VITIVINICULTURA BRASILEIRA

DADOS DE 2021, DA IDEAL CONSULTING, consultoria especializada no mercado brasileiro de vinhos, apontam que existem cerca de mil vinícolas no país entre as de vinhos finos e as voltadas à bebida de garrafão, de uvas comuns. Dois terços da produção está no Rio Grande do Sul, de onde saem 90% dos vinhos brasileiros de conglomerados e cooperativas.[1] Com *terroirs* completamente diferentes em topografia, solos e microclimas, as regiões produzem vinhos com características distintas, mesmo quando elaborados com as mesmas variedades de uvas.

O consumo interno, contudo, ainda é baixo: cerca de 2,64 litros ao ano por habitante (aqui considerados apenas os maiores de 18 anos). É pouco, se comparamos com outros países: em média, cada chileno bebe 17 litros; argentinos bebem 27,4; portugueses, 51,9 litros; e italianos, 46,6 litros, segundo a OIV. Do total consumido no Brasil, cerca de 65% correspondem a vinhos nacionais e 35%, aos importados.

---

1 https://www.canalrural.com.br/noticias/com-vinho-em-alta-vinicolas-se-espalham-pelo-brasil-tem-fabrica-ate-no-cerrado/ em 29/mar/2021.

Analisando o mercado de espumantes, o cenário é mais animador. Atualmente, mais de 80% dos espumantes consumidos são nacionais, o que confirma a frase dita por Steven Spurrier (1941-2021), famoso crítico inglês de vinhos, em 2014, em uma degustação em São Paulo sobre espumantes do Hemisfério Sul: "Os brasileiros deveriam ter mais orgulho do espumante produzido no Brasil. Não precisam beber champanhe." Reconhecidos no mundo inteiro por sua excelência de paladar e pela qualidade de sua elaboração, os espumantes brasileiros atingiram a impressionante cifra de 30,3 milhões de litros comercializados no país entre os meses de janeiro e dezembro de 2021, com exportações de cerca de 935 mil litros no mesmo período, de acordo com a União Brasileira de Vitivinicultura (Uvibra).[2]

É inconteste a vocação do Brasil para elaboração de espumantes. Em degustações às cegas, nossos espumantes têm superado os dos italianos e espanhóis, e até alguns champanhes franceses. Unanimidade entre os especialistas, é o melhor produto de nossa indústria vinícola e o único que faz frente aos importados. Devemos tudo isso a Manoel Peterlongo, imigrante do Trento que, em 1913, criou o primeiro champanhe brasileiro, de forma artesanal, no porão de sua casa, na região de Garibaldi, Rio Grande do Sul. Foi lá que seu produto ganhou a primeira medalha de ouro e o registro oficial que atesta o início da produção no país. A Vinícola Peterlongo, com mais de 100 anos de tradição, é

---

[2] https://www.embrapa.br/busca-de-noticias/-/noticia/68396017/exportacao-de-espumantes-brasileiros-ultrapassa-930-mil-litros-em-2021/

até hoje a única vinícola em território brasileiro autorizada a utilizar o termo "champagne" em seus rótulos. Embora a produção de espumantes se concentre principalmente na Serra Gaúcha e na Serra do Sudeste, encontramos ótimos espumantes na Serra Catarinense, na Região Metropolitana de Curitiba, no sul de Minas Gerais e no Vale do São Francisco.

Principais regiões produtoras

Serra Gaúcha

Principal região produtora do país, a Serra Gaúcha faz parte da Serra Nordeste do Rio Grande do Sul. Nela está o Vale dos Vinhedos, que abrange áreas dos municípios de Bento Gonçalves, Garibaldi – considerada a capital do espumante brasileiro – e Monte Belo do Sul, além das cidades de Caxias do Sul e Flores da Cunha. A maior e mais antiga região vinícola está situada a 29° de latitude sul, em altitudes entre 600 e 900 metros, com solos arenoargilosos e ácidos e clima temperado. O excesso de chuva propicia boas condições para o desenvolvimento das uvas – colhidas verdes, com pouco açúcar e alta acidez –, que vão dar origem aos espumantes que vêm conquistando, a cada ano, mais reconhecimento.

Entre as cepas cultivadas sobressai a Merlot, uva vinífera que melhor se adaptou ao *terroir* da Serra Gaúcha. Das 638 vinícolas do Rio Grande do Sul, 378 estão concentradas na Serra Gaúcha, nas cidades de Flores da Cunha, Caxias do Sul, Bento Gonçalves, Garibaldi, Farroupilha, Antônio Prado, Nova Pádua e Monte Belo. Entre elas, podemos citar

Adolfo Lona, Almaúnica, Aurora, Casa Valduga, Era dos Ventos, Família Geisse, Chandon, Dal Pizzol, Don Giovanni, Garibaldi, Lidio Carraro, Luiz Argenta, Miolo, Peterlongo, Salton, Valmarino e Velho do Museu.

Serra do Sudeste

Incluindo as localidades de Pinheiro Machado, Encruzilhada do Sul e Candiota, a Serra do Sudeste do Rio Grande do Sul apresenta solo pedregoso, altitudes que variam entre 200 e 400 metros, temperaturas médias mais baixas do que as da Serra Gaúcha e poucas chuvas. Inicialmente a região só tinha vinhedos, com vinhos elaborados em instalações da Serra Gaúcha. Transformada em região vitivinícola, abriga cantinas como a Casa Valduga, Chandon, Cooperativa Nova Aliança e Lidio Carraro.

Campos de Cima da Serra

A mais nova região vinícola do Rio Grande do Sul fica no extremo norte do estado, na fronteira com Santa Catarina, a mil metros de altitude. É composta pelos municípios de Bom Jesus, Cambará do Sul, Campestre da Serra, Esmeralda, Jaquirana, Monte Alegre dos Campos, Muitos Capões, São Francisco de Paula, São José dos Ausentes e Vacaria.

Invernos longos e muito frios, verões secos com noites amenas, solo calcário e argiloso e ventos constantes caracterizam esse cenário em que os cem hectares de uvas viníferas produzem anualmente cerca de mil toneladas de uvas. Com esse número são feitos 500 mil litros de vinho, que levam o nome da região, divididos em brancos, rosé, tintos e espumantes. Tem destaque a produção das cultivares Merlot (30,6%), Pinot Noir (22,3%) e Chardonnay (13,7%).

A descoberta desse novo polo vitivinícola deve muito ao empresário Raul Anselmo Randon, que teve a ideia de produzir um vinho especial para servir a seus convidados na futura celebração de suas bodas de ouro, em 2006. Sob a supervisão técnica da Miolo, vinhedos foram plantados no município de Muitos Capões, hoje responsáveis pela linha de vinhos RAR Collezione. Também estão presentes na região as vinícolas Aracuri, Campestre, Família Lemos de Almeida (antiga Fazenda Santa Rita), Sopra e Sozo, todas integrantes da Associação dos Produtores de Vinhos Finos dos Campos de Cima da Serra (AVICCS).

Novas fronteiras

Os *terroirs* da colheita de inverno estão transformando o mapa da viticultura no Brasil. Murillo de Albuquerque Regina, engenheiro agrônomo e especialista em viticultura, com PhD na Universidade de Bordeaux, observou, durante estada na França, onde são feitos alguns dos melhores vinhos do mundo e que o clima daquele país era muito parecido com o da região em que se planta café no sul de Minas Gerais, no inverno: dias ensolarados, noites frescas e solo seco. Assim, pelo ciclo natural das videiras, as uvas amadurecem e são colhidas no verão, ou seja, clima certo, mas época errada. Então como resolver a questão? "Enganando a videira".

Essa técnica se trata de um novo jeito de fazer vinho, que altera o ciclo natural das videiras por meio de uma dupla poda. "Faz-se uma primeira poda de formação dos ramos em agosto, seguida da eliminação dos cachos. Esses ramos estarão maduros a partir de janeiro, quando uma nova poda é realizada, seguida de aplicação de cianamida hidrogenada para estimular a brotação. As temperaturas médias ambientais do verão, aliadas à existência de água em abundância no solo, possibilitarão o relançamento de um novo ciclo vegetativo da videira, em que a maturação e a colheita irão coincidir com os meses de maio a julho, época em que as condições são ideais à maturação e à colheita das uvas para elaboração de vinhos de qualidade", explicou Murillo em conversa sobre o assunto.

A busca por alternativas agrícolas compatíveis com a exploração cafeeira, em um momento em que o mercado de café enfrentava uma crise de preços, e a necessidade de colheita das uvas em melhores condições de maturação levaram a Empresa de Pesquisa Agropecuária de Minas Gerais (Epamig), juntamente com a Fazenda da Fé do médico Marcos Arruda Vieira, e o Grupo Vitacea Brasil, do qual Murillo é sócio com os franceses Patrick Arsicaud e Thibaud de Salettes, a iniciar os primeiros ensaios para validação da produção de vinhos finos na região cafeeira do sul de Minas Gerais, mais precisamente em Três Corações. Os primeiros testes foram efetuados em 2001, com as variedades Chardonnay, Merlot Noir, Cabernet Sauvignon e Syrah, ainda com mudas provenientes da França. A finalidade era verificar a adaptação das plantas à região de cultivo e, principalmente, validar uma técnica que possibilitasse a alteração do ciclo da planta para que a colheita pudesse ser realizada fora do período chuvoso. Das variedades testadas inicialmente, a que melhor se adaptou foi a Sauvignon Blanc e a Syrah, cuja primeira colheita experimental em regime de dupla poda ocorreu em julho de 2003, dando origem à expressão "vinhos de colheita de inverno", ou simplesmente "vinhos de inverno". Animados com os resultados alcançados, quatro anos depois, fundaram a Vinícola Estrada Real, onde nasceu o primeiro vinho fino do *terroir* de Três Corações, com safra comercial de apenas 10 mil garrafas – o Primeira Estrada Syrah, safra 2010, coroando um trabalho pioneiro em nosso país idealizado por Murillo.

De acordo com Gabriel Machado, agrônomo e consultor do Grupo Vitacea Brasil, atualmente, além de Minas Gerais, essa técnica da dupla poda já é empregada comercialmente em São Paulo, Goiás, no Rio de Janeiro, no Espírito Santo, no Mato Grosso, no Distrito Federal e na Bahia, ultrapassando os 500 hectares de vinhedos implantados. Segundo ele, várias vinícolas já foram instaladas e outras se encontram em fase de construção.

A vinícola Guaspari, em Espírito Santo do Pinhal, interior de São Paulo, apoiada pela Epamig, plantou as primeiras videiras na antiga fazenda de café, em 2010. Aos poucos, a área de plantio foi ampliada e já na segunda safra ganhou dois prêmios inéditos para o Brasil, na Decanter World Wine Awards: medalha de ouro para o Syrah Vista do Chá 2012 e de bronze para o Syrah Vista da Serra 2012. De lá pra cá, ela vem amealhando inúmeros prêmios. Recentemente levou medalha de prata na competição Syrah du Monde 2021, concurso internacional de vinhos da França que reconhece os melhores rótulos de uva Syrah, com o rótulo Guaspari Syrah Vista do Chá 2016.

Na Serra dos Pirineus, em Goiás, no município de Cocalzinho de Goiás, está instalada a Pirineus Vinho e Vinhedos, primeira vinícola do Cerrado brasileiro. O vinhedo, de 4 hectares e a 950 metros de altitude, vem conquistando apreciadores com seus 2 rótulos: Intrépido, com predominância de Syrah (87%) e de Tempranillo (13%); e Bandeiras, elaborado com Barbera e uma pequena percentagem de Tempranillo e Sangiovese.

No estado do Rio de Janeiro, sob a batuta de Murillo Regina, o produtor José Claudio Aranha plantou os primeiros vinhedos que deram origem à Vinícola Inconfidência, às margens da Estrada Real, no limite dos distritos de Inconfidência e Secretário, em Paraíba do Sul. Já na Chapada Diamantina, na cidade Morro de Chapéu, o plantio de uvas começou em 2011, fruto da parceria entre produtores, prefeitura, governo estadual e a união das cooperativas da região de Champagne, na França. Para avaliar o desempenho agronômico de videiras destinadas à produção de uvas para a elaboração de vinhos finos, foram plantadas dez variedades: Pinot Noir, Cabernet Sauvignon, Petit Verdot, Tannat, Malbec, Merlot, Syrah, Sauvignon Blanc, Chardonnay e Muscat Petit Grain. As vinícolas Vaz, precursora da região, e Reconvexo, montada com recursos próprios de três professores universitários, já estão produzindo vinhos de qualidade com uvas colhidas na região. O projeto foi replicado para a iniciativa privada no município de Mucugê, na Bahia, em uma área de 30 mil hectares. Por lá, a vinícola UVVA, na Serra do Sincorá, com 52 hectares de vinhedos, começou a comercializar sua primeira safra em 2019, quando produziu 55 mil garrafas. A meta, no entanto, é chegar a 300 mil por ano. E tem mais.

Segundo a Epamig, há pelo menos cinco projetos em desenvolvimento no Triângulo Mineiro, envolvendo terras dos municípios de Patrocínio, Patos de Minas, Araxá, Sacramento e Cruzeiro da Fortaleza. Nesse local, em 2018, foi lançado o Syrah Bambini, da Fazenda Fortaleza – o primeiro vinho daquela região que faz parte do projeto "Vinhos do Cerrado", uma iniciativa de produtores de café para implantar a vitivinicultura na região. No sul de Minas se encontram as vinícolas Luiz Porto, em Cordislândia; Barbara Eliodora (nomeada em homenagem à inconfidente de mesmo nome que se estabeleceu na região), em São Gonçalo do Sapucaí; Maria, Maria, em Três Pontas, cujos vinhos levam o nome das mulheres ligadas à família do fundador; Arpuro, em Uberaba, que promete entregar seus primeiros tintos e brancos em meados de 2024; e Casa Geraldo, em Andradas, uma das maiores do estado, com mais de 50 anos de história, que com a chegada da poda invertida passou também a produzir vinhos finos. Também é mineiro o vinho brasileiro mais bem pontuado do *Guia Descorchados 2022* – consolidado guia de vinhos que traz avaliações de vinhos sul-americanos –, que quebrou a hegemonia gaúcha, o Sabina Syrah 2021, da vinícula Sacramentos Vinifer, cujos vinhedos estão na Serra da Canastra.

Em Brasília, a 60 quilômetros da capital, dez agricultores que produzem uvas no Projeto de Assentamento Dirigido do Distrito Federal (PAD/DF) investiram cerca de R$ 20 milhões para construir a Vinícola Brasília, a primeira do Planalto Central, com capacidade de produção de 200 mil litros por ano. A meta é a criação e a comercialização de 50 rótulos. Em 2020, a Villa Triacca produziu o Seu Claudino, o primeiro vinho Syrah brasiliense. Ainda no Centro-Oeste, em terras mato-grossenses, com uvas colhidas no Vale da Bênção, na Chapada de Guimarães, a Locanda do Vale lançou seu primeiro rótulo de inverno, um Syrah. Foram produzidas apenas 700 garrafas em 2021, mas a expectativa é alcançar uma produção anual de 12 mil garrafas. O distrito de Camisão, em Aquidauana, Mato Grosso do Sul, abriga, desde 2021, o projeto Pantanal Wine & Beer, responsável pelo primeiro vinhedo de uvas *Vitis vinifera* (Chenin Blanc, Sauvignon Blanc, Syrah, Marselan e Cabernet Sauvignon) daquele estado.

Em terras fluminenses, inspirados pela experiência da Vinícola Inconfidência, da família Aranha, no município de Paraíba do Sul, três novos vinhedos surgiram. Em São José do Vale do Rio Preto, a família Tassinari, tradicional produtora de café, deu os primeiros passos no mundo dos vinhos em 2021. A poucos quilômetros de distância dali, a família Eloy também ampliou os negócios com um vinhedo em Areal e outro em Itaipava (Petrópolis). Os municípios de Teresópolis, Friburgo e Paty do Alferes já colhem suas primeiras uvas. Já no Espírito Santo, na região serrana do estado, produtores vêm conseguindo resultados surpreendentes, como a vinícola Tabocas, em Santa Teresa, que produziu o premiado Tabocas Cabernet Sauvignon (safra 2017) e o Tabocas Vin de Garage 2021. Em Domingos Martins, nas montanhas do estado, é possível avistar vinhedos das variedades Sauvignon Blanc, Syrah, Merlot e Cabernet Sauvignon, na Vinícola Carrereth.

Descendo no mapa do Brasil, na Região Metropolitana de Curitiba se destacam as vinícolas Família Fardo, Legado e Franco Italiano, só para citar algumas. No interior de São Paulo, encontram-se as vinícolas Casa Verrone, nos municípios de Itobi e Divinolândia; Terra Nossa, iniciativa de cinco amigos amantes da bebida, em Santo Antonio do Jardim;

Terrassos, em Amparo, com vinhos elaborados sem a mínima intervenção, com características semelhantes às dos vinhos naturais; Casa Soncini, com 10 hectares de vinhedo, nos altos da represa de Avaré; Góes, que elabora vinhos de mesa desde 1963 e agora investe na produção de vinhos finos produzidos com uvas de vinhedos cultivados em Minas Gerais e no Rio Grande do Sul; e a Villa Santa Maria, na Serra da Mantiqueira, em São Bento do Sapucaí, com seus vinhos Brandina. A 30 quilômetros do centro de Campos de Jordão, a Vinícola Ferreira implantou cerca de 30 mil videiras de castas viníferas e já disponibiliza alguns bons rótulos.

No agreste nordestino, a 842 metros de altitude, a Vinícola Vale das Colinas, em Garanhuns, já apresenta três varietais

elaborados a partir das variedades Muscat Blanc, Cabernet Sauvignon e Malbec. Há iniciativas isoladas em Alagoas, Sergipe e na Bahia, onde a Fazenda Santa Luzia, do grupo Trijunção, em parceria com a Embrapa, tem um projeto bem avançado. A expectativa é iniciar a produção em larga escala de vinhos finos e espumantes a partir de 2023. A lista parece não ter fim.

No Brasil, as práticas sustentáveis têm ganhado força. Uma geração de consumidores conscientes busca produtos saudáveis, de qualidade e que não agridam o meio ambiente. Assim, algumas vinícolas, alinhadas a essa tendência, investem na produção de bebidas como os vinhos orgânicos, biodinâmicos e naturais. Desde 1994, a vinícola La Mañana, de Santana do Livramento, na Campanha Gaúcha, de propriedade do uruguaio Juan Luiz Carrau, tem a tão sonhada certificação orgânica. Seu vinhedo foi o primeiro orgânico e biodinâmico brasileiro.

Em 2018, a vinícola Ravanello, em Gramado, se tornou a primeira do Brasil a receber a certificação PIUP (sigla que indica Produção Integrada de Uva para Processamento) de viticultura sustentável em dois de seus vinhos: Chardonnay e um *assemblage* de Merlot e Cabernet Sauvignon, elaborados na safra 2017/2018. Nessa mesma linha é possível citar a Guatambu, primeira vinícola do país a usar placas fotovoltaicas para energia solar; a Miolo, que tem certificação para vinhos veganos; e a Salton, que firmou uma parceria com a Universidade de Caxias do Sul para se tornar carbono neutra até 2030. Aos poucos, mais e mais empresas do setor vêm adotando práticas para se tornarem mais sustentáveis para o meio ambiente.

O especialista Didu Russo explica que o panorama do vinho brasileiro continua melhorando, muito graças às iniciativas pequenas, artesanais, que pesquisam e que experimentam e arriscam, cada vez mais procurando a sinceridade nos resultados. "Vinhedo Serena, Vinha Unna, Lizete Vicari (Domínio Vicari), Eduardo Zenker (Arte da Vinha), Faccin, Santa Augusta, Atelier Tormentas, Alvaro Escher e Luiz Henrique Zanini (Era dos Ventos), De Lucca, Casa Ágora, Entre Vilas... agora a eles vêm se juntar novas belas surpresas nessa linha de vinhos artesanais. Como os rapazes da Vivente, o incrível talento de Rubem Ernesto Kunz, dos vinhos da Rua do Urtigão, e os vinhos Vitale, da Valparaiso, uma preciosidade em diversidade de castas e vinificações livre de químicos", expõe.

Por sua vez, o pesquisador da Epamig Francisco Mickael de Medeiros Câmara conta que "a produção dos vinhos de inverno ficou muito atrelada a rótulos provenientes das variedades Syrah e Sauvignon Blanc. Atentos às demandas do mercado consumidor, ávido por provar vinhos de diferentes características sensoriais, e para diversificar a oferta de rótulos, já estão em curso estudos de adaptação de outras variedades francesas e portuguesas. Em 2023, variedades italianas serão analisadas. Também estão em curso, projetos para estimular a elaboração de vinhos espumantes, na Serra da Mantiqueira". A partir desses resultados, os atuais vinhedos poderão diversificar, ainda mais, e novos vinhedos irão surgir.

Sobre a vinícola experimental da Epamig, Lucas Bueno do Amaral, enólogo responsável por ela, informa que lá "atualmente, trinta produtores elaboram seus vinhos. São uvas provenientes de novas regiões produtoras que ainda precisam validar seu potencial produtivo e qualitativo. Desses produtores, vinte e quatro colhem sua produção no período do inverno, e seis no verão, com vinhedos localizados nos estados de Minas Gerais, São Paulo, Espírito Santo, Rio de Janeiro e Goiás.

Esses são apenas alguns exemplos que comprovam que o mapa vitivinícola brasileiro está se expandindo para muito além das fronteiras da Serra Gaúcha. E com sucesso. Muito sucesso!

"Criando e VALORIZANDO suas originalidades, com a cor, o SABOR e o gosto bem BRASILEIROS"

INDICAÇÃO GEOGRÁFICA ATESTA A QUALIDADE DO VINHO BRASILEIRO

A chegada das multinacionais ao Brasil e a abertura comercial do país às importações, no decorrer do governo Collor (1990-1992), provocou forte demanda por vinhos de qualidade. O mercado se tornou extremamente competitivo para os vinhos brasileiros e fez surgir um consumidor mais exigente e mais atento à procedência, à diversidade e à safra. Também incentivou a abertura de várias vinícolas empenhadas em fazer vinhos finos para competir com os importados, entre elas Miolo (1990), Don Laurindo (1991) e Pizzato (1998).

Esse cenário favoreceu a implementação das indicações geográficas de vinhos no Brasil (que incluem as indicações de procedência e denominações de origem), conforme previsto na Lei de Propriedade Industrial (Lei nº 9.279/96). O Instituto Nacional da Propriedade Industrial (INPI), vinculado ao Ministério da Economia, é o órgão que reconhece e emite esse registro. Entre os benefícios diretos da IG estão a agregação de valor e a organização social dos produtores, que passam a agir coletivamente como defensores de tal indicação contra a utilização indevida do nome protegido.

A indicação de procedência (IP) e a denominação de origem (DO). A IP refere-se ao nome do país, cidade, região ou localidade que se tornou conhecido por extrair, produzir ou fabricar determinado produto ou prestar determinado serviço. No caso do vinho, ela garante que aquele que a carrega no rótulo foi produzido dentro de uma área delimitada e de acordo com uma série de normas técnicas, que vão do cultivo das vinhas até a vinificação e o engarrafamento. A IP também protege a relação entre o produto ou serviço e sua reputação, em razão de sua origem geográfica específica, já que um dos critérios para sua delimitação é precisamente a regionalidade.

A DO, por seu turno, se refere ao nome do país, cidade, região ou localidade que designa produto ou serviço cujas qualidades ou características se devam exclusiva ou essencialmente ao meio geográfico, incluindo os fatores naturais (*terroir*) e os humanos. Ela traz mais detalhes, como qualidade, estilo e sabor, e se relaciona também à terra, às pessoas e à história da região. Quando um produto ou serviço faz a transição de IP para DO, as normas e os controles ficam mais específicos – por exemplo, contam não só o tipo de uvas, mas as quantidades máximas que podem ser colhidas (quanto menos um vinhedo produzir, melhor será a qualidade da uva), assim como aspectos do processo de elaboração do vinho. É importante ressaltar que nem todos os vinhos com o selo da IP seguirão para a DO.

Com o foco nas regiões, inicia-se uma nova etapa da nossa vitivinicultura, que se volta então para a valorização do *terroir*, da produção local, da origem, da produção, e não mais de um produtor ou de uma empresa apenas. Trata-se, enfim, da valorização de uma região que tem características peculiares, um histórico de desenvolvimento e um conjunto de produtos elaborados segundo padrões e normas próprios que a identificam e a viabilizam para que seja obtido o reconhecimento da propriedade industrial. No Rio Grande do Sul, a atuação da Embrapa Uva e Vinho, ainda na década de 1990, foi fundamental para disseminar, estimular e dar o suporte técnico e científico aos produtores de vinhos na estruturação, bem como para a conquista do registro de indicação geográfica.

Em 22 de novembro de 2002, o INPI concedeu a denominação Vale dos Vinhedos como indicação geográfica para vinhos finos dos tipos tinto, branco e espumante, tornando-se a primeira região vitivinícola do país a conquistar uma IG. A IG Vale dos Vinhedos foi reconhecida pela União Europeia em 25 de janeiro de 2007, o que lhe assegura proteção legal e propriedade intelectual no mercado europeu. Atualmente, o Rio Grande do Sul tem como indicações geográficas registradas ao IPs do Vale dos Vinhedos, Pinto Bandeira, Altos Montes, Monte Belo, Farroupilha, Campanha Gaúcha, além do já citado Vale dos Vinhedos, que desde 2012 foi reconhecido como DO. Por sua vez, Santa Catarina tem dois registros de indicações geográficas (Vales da Uva Goethe e Vinhos de Altitude de Santa Catarina). No momento, estão em fase de estruturação para reconhecimento três outras IGs de vinhos: Indicação de Procedência Vale do São Francisco, Indicação de Procedência Campos de Cima da Serra e Denominação de Origem Altos de Pinto Bandeira.

Segundo a Embrapa Uva e Vinho, "a indicação geográfica traz como benefícios a organização coletiva dos produtores, o estímulo à economia local e a ampliação do renome dos produtos da região, com impactos na competitividade, bem como no aumento do potencial para a atividade do enoturismo (embrapa.br/uva-e-vinho/indicacoes-geograficas-de-vinhos-do-brasil/ig-em-estruturacao).

Vale dos Vinhedos (2002)

O Vale dos Vinhedos foi a primeira indicação geográfica reconhecida do Brasil. Em 2002 obteve do INPI o registro de IP e, em 2012, foi reconhecida a denominação de origem – a primeira e, até hoje, a única DO de vinhos do Brasil. A região abriga as principais vinícolas brasileiras e é o mais importante parque vitícola e enológico do país. São 81 km² de área situada em três municípios – Bento Gonçalves (60%),

Garibaldi (33%) e Monte Belo do Sul (7%) – na serra do nordeste do Rio Grande do Sul.

A DO determina que toda a produção de uvas e o processamento da bebida sejam realizados na região delimitada do Vale dos Vinhedos. Para controlar e fiscalizar os padrões exigidos pela normativa da IP e da DO, a Associação dos Produtores de Vinhos Finos do Vale dos Vinhedos (Aprovale), que é titular do direito de propriedade, conta com um conselho regulador responsável pelo regulamento da IG do Vale dos Vinhedos.

Os vinhos classificados com DO trazem impressos em seus rótulos uma identificação tanto no rótulo quanto no contrarrótulo da garrafa, que é numerada. Esse número funciona como código para que as entidades envolvidas com o controle da DO possam identificar a origem daquele vinho que está sendo vendido. A produtividade é limitada a 10 toneladas/ha ou 2,5 quilos de uva por planta para os vinhos, e 12 toneladas/ha ou 4 quilos de uva por planta para espumantes. As variedades autorizadas para cultivo são: Merlot, Cabernet Sauvignon, Cabernet Franc e Tannat para os vinhos tintos; Chardonnay e Riesling Itálico, para os brancos; Chardonnay, Pinot Noir e Riesling Itálico, para os espumantes. Os vinhos tintos só podem ser comercializados após 12 meses de envelhecimento nas adegas produtoras, e metade desse prazo é válida para se venderem os brancos. Os espumantes, por sua vez, devem passar por 9 meses, no mínimo, em contato com as leveduras. Essas são algumas das regras de cultivo e de processamento determinadas pela Denominação de Origem Vale dos Vinhedos.

Adega Cavalleri, Almaúnica, Angheben, Calza, Capoani, Casa Valduga, Cavas do Vale, Cave de Pedra, Chandon, Cooperativa Vinícola Aurora, Dom Cândido, Dom Eliziario, Don Laurindo, Famiglia Tasca, Larentis, Lidio Carraro, Marco Luigi, Michele Carraro, Milantino, Miolo, Peculiare, Pizzato, Terragnolo, Vallontano, Titton, Torcello, Toscana e Wine Park Gran Legado são as vinícolas associadas à Aprovale.

Pinto Bandeira (2010)

A segunda IP emitida para vinhos no Brasil foi a de Pinto Bandeira (RS), obtida em julho de 2010 pela Associação dos Produtores de Vinho de Pinto Bandeira (Asprovinho). Situada na região nordeste de Bento Gonçalves, quase toda a área delimitada da IP, de 7.960 hectares, fica no município de Pinto Bandeira – há somente uma parcela, de pouco menos de 7% da área total, no município vizinho de Farroupilha.

A Indicação de Procedência Pinto Bandeira (IPPB) autoriza a produção de vinhos finos tintos secos, elaborados com as castas Ancellotta, Cabernet Franc, Cabernet Sauvignon, Merlot, Pinot Noir, Pinotage, Sangiovese e Tannat; de vinhos finos brancos secos, a partir das castas Chardonnay, Gewürztraminer, Malvasia Bianca, Moscato Bianco, Moscato Giallo,

Peverella, Sauvignon Blanc e Viognier; de vinhos espumantes finos, feitos com as castas Chardonnay, Pinot Noir, Riesling Itálico e Viognier; e de vinhos espumantes Moscatel, das castas Malvasia Bianca, Malvasia de Candia, Moscato Bianco, Moscatel de Alexandria, Moscato Giallo e Moscatel Nazareno.

Fazem parte da Asprovinho cinco vinícolas e cooperativas de pequeno, médio e grande portes: Aurora, Don Giovanni, Família Geisse (Cave Amadeu), Pompeia, Valmarino e mais três produtores associados: Bigolin, Dalla Costa, Vinhos e Terraças.

As vinícolas Aurora, Geisse, Don Giovanni e Valmarino entraram em ação conjunta para que Pinto Bandeira pudesse ser a primeira e única região da América a ter uma certificação de DO específica para seus espumantes, e após 10 anos a estratégia deu certo. A Denominação de Origem Altos de Pinto Bandeira foi reconhecida, no final de novembro de 2022, pelo INPI. Os primeiros espumantes com o selo do Altos de Pinto Bandeira, elaborados com uvas das variedades Chardonnay, Pinot Noir e Riesling Itálico, e seguindo regras rigorosas de controle, desde o cultivo até o engarrafamento, devem chegar ao mercado no primeiro semestre de 2023.[1] A DO está em fase de estruturação.

---

1 https://www.ucs.br/site/noticias/com-participacao-da-ucs-em-projeto-altos-de-pinto-bandeira-recebe-denominacao-de-origem-para-espumantes/ Em 16/dez/2022.

Altos Montes (2012)

Com 173,84 km², localizada nas altitudes mais elevadas da Serra Gaúcha, a Indicação de Procedência Altos Montes (Ipam) é a segunda maior área já certificada no Brasil. A região abrange os municípios de Flores da Cunha (66,6%) e Nova Pádua (33,4%), que estão entre os maiores produtores de vinho por volume do Brasil. O nome Altos Montes se justifica pela altitude média dos vinhedos, a 678 metros acima do nível do mar.

A Ipam é autorizada a produzir vinhos finos tintos secos, elaborados com as castas Ancellotta, Cabernet Franc, Cabernet Sauvignon, Marselan, Pinot Noir, Refosco e Tannat; vinhos finos brancos secos, a partir das castas Chardonnay, Gewürztraminer, Malvasia de Candia, Moscato Giallo, Sauvignon Blanc e Riesling Itálico; vinhos finos rosados secos, feitos com Merlot e Pinot Noir; e espumantes brut brancos e rosados, a partir das castas Malvasia, Moscato Bianco, Moscato Bianco-Clone R2, Moscato Giallo e Moscatel de Alexandria.

Essa IP tem como titular a Associação de Produtores dos Vinhos dos Altos Montes (Apromontes) que abriga as vinícolas Boscato, Fabian, Fante, Luiz Argenta, Mioranza, Monte Reale, Panizzon, Salvattore, Terrasul, União de Vinhos, Valdemiz, Venturini e Viapiana.

Monte Belo (2013)

Trata-se de uma área de 56,09 km², distribuída 80% no município de Monte Belo do Sul e o restante nos municípios de Bento Gonçalves e Santa Tereza, que abrange seiscentas propriedades vitícolas e inclui 11 vinícolas, todas de pequeno porte. A região tem a maior produção de uvas finas *per capita* de toda a América Latina, com 16 toneladas ao ano, em média. Monte Belo produz vinhos finos brancos, tintos e espumantes.

As regras da Indicação de Procedência Monte Belo (IPMB) preveem que os vinhos que levarão seu selo sejam 100% elaborados com as uvas produzidas na área geográfica delimitada. Para irem ao mercado, todos devem ser aprovados em degustação realizada às cegas.

Os espumantes devem conter, no mínimo, 40% de Riesling Itálico e 30% de Pinot Noir com, no máximo, 30% de Chardonnay e 10% de Glera em sua composição. Já os espumantes moscatéis deverão conter, no mínimo, 70% de uvas Moscato. Os vinhos brancos varietais devem ser elaborados com as castas Chardonnay e Riesling Itálico, e os tintos com as uvas Alicante Bouschet, Cabernet Franc, Cabernet Sauvignon, Egiodola, Merlot e Tannat.

A busca pelo reconhecimento da região no INPI foi conduzida pela Associação dos Vitivinicultores de Monte Belo do Sul (Aprobelo) que conta com dez vinícolas associadas: Adega Del Monte, Armênio, Calza, Casa Angelo Fantin, Faé, Famiglia Tasca, Honório Milani, Megiolaro, Reginato e Santa Bárbara.

Farroupilha (2015)

É a maior região demarcada entre as IPs nacionais, com 379,20 km² de área geográfica contínua, 99% localizada no município de Farroupilha, com pequenas áreas em Caxias do Sul, Pinto Bandeira e Bento Gonçalves. O principal diferencial da Indicação de Procedência Farroupilha (IPF) é o seu foco exclusivo nos moscatéis (sejam espumantes, brancos, frisantes, licorosos, mistela e *brandy*).

A área delimitada concentra o maior volume de produção de uvas moscatéis do Brasil. Tem destaque a variedade conhecida como Moscato Branco, tradicional da região desde a década de 1930, e não encontrada em outros países. Os vinhos somente podem ser elaborados com as uvas das variedades moscatéis autorizadas: Moscato Bianco, Malvasia de Cândia, Moscato Giallo, Moscato Branco, Moscatel de Alexandria, Malvasia Bianca, Moscato Rosado e Moscato de Hamburgo, produzidas na área delimitada.

A IP foi concedida à Associação Farroupilhense de Produtores de Vinhos, Espumantes, Sucos e Derivados (Afavin) que abriga as vinícolas Adega Chesini, Adega Silvestrini, Basso, Cappelletti, Colombo, Don Giuseppe, Irmãos Benacchio, Lazzmar, N. S. de Caravaggio, Casa Perini, São João, Tonini, Velha Cantina e Xangrilá.

Vales da Uva Goethe (2011)

Foi Giuseppe Caruso Mac Donald, advogado e jornalista italiano, quem trouxe as primeiras mudas de uva Goethe –

cepa híbrida obtida do cruzamento entre a variedade vinífera europeia Moscato Hamburgo e a americana Carter –, para Santa Catarina, mais precisamente para o município de Urussanga, no final do século XIX. Na ocasião de sua estada em São Paulo, Caruso conheceu Benedito Marengo, imigrante italiano responsável pela introdução de diversas variedades de uva no Brasil, entre elas a Goethe. Ambos foram os precursores da arte no cultivo e na fabricação dos vinhos com a uva na região carbonífera catarinense. Os vinhos da Indicação de Procedência Vales da Uva Goethe (IPVUG) são elaborados com as variedades locais Goethe Clássica e Goethe Primo.

A IPVUG teve como requerente a Associação dos Produtores da Uva e do Vinho Goethe (ProGoethe) que congrega as vinícolas Casa Del Nonno – responsável pela produção do primeiro espumante de uva Goethe no mundo –, De Noni, Quarezemin, Trevisol e Vigna Mazon. O reconhecimento se deu para vinho branco seco, suave ou demi-sec, leve branco seco, suave ou demi-sec, vinho espumante brut ou demi-sec e vinho licoroso. A área geográfica delimitada localiza-se entre as encostas da Serra Geral e o litoral sul catarinense, nas bacias dos rios Urussanga e Tubarão, e compreende os municípios de Urussanga, Pedras Grandes, Morro da Fumaça, Cocal do Sul, Treze de Maio, Orleans, Nova Veneza e Içara, localizados em Santa Catarina. Dentro dessa delimitação, existe uma área chamada de Vales da Uva Goethe, com 458,9 km², na qual deve ser produzida a uva utilizada na elaboração dos produtos da IP Vales da Uva Goethe.

Campanha Gaúcha (2020)

Localizada no extremo sul do Brasil, na fronteira com o Uruguai e a Argentina, a Campanha Gaúcha se estende por uma área de 44.365 km² que compreende 14 municípios: Aceguá, Alegrete, Bagé, Barra do Quaraí, Candiota, Dom Pedrito, Hulha Negra, Itaqui, Lavras do Sul, Maçambará, Quaraí, Rosário do Sul, Santana do Livramento e Uruguaiana. A Campanha Gaúcha é dividida entre Campanha Meridional, que começa na cidade de Candiota, e Campanha Oriental, que segue a linha da fronteira com o Uruguai. As vinícolas estão localizadas no chamado "paralelo 31", o mesmo meridiano das melhores vinícolas do mundo, em uma altitude de 100 a 300 metros acima do mar. A topografia plana e as estações do ano bem definidas – invernos rigorosos e verões quentes e secos, com boa amplitude térmica – favorecem o cultivo da videira e fazem do local a região brasileira que mais cresce em vinhedos. É a segunda maior área produtora de vinhos finos do país, responsável por 31% da produção nacional, com 1.560 hectares de área plantadas com vinhedos de *Vitis vinifera*.

A IP, solicitada pela Associação Vinhos da Campanha, foi concedida para os vinhos finos tranquilos brancos, rosados e tintos e para os espumantes naturais. Para a elaboração dos vinhos, são autorizadas 36 cultivares de videira produzidas na região, todas elas de *Vitis vinifera*: Alfrocheiro, Alicante Bouschet, Alvarinho, Ancellotta, Barbera, Cabernet Franc, Cabernet Sauvignon, Chardonnay, Chenin Blanc, French Colombard, Gamay,

Gewurztraminer, Grenache, Longanesi, Malbec, Marsela, Merlot, Moscato Branco, Moscato de Hamburgo, Moscato Giallo, Petit Verdot, Pinot Grigio, Pinot Noir, Pinotage, Riesling Itálico, Riesling Renano, Ruby Cabernet, Sangiovese, Sauvignon Blanc, Semillon, Syrah, Tannat, Tempranillo, Touriga Nacional, Trebbiano e Viognier.

Compõem a Associação Vinhos da Campanha os seguintes produtores: Batalha, Bodega Sossego, Bueno Wine, Campos de Cima, Cerros de Gaya, Cordilheira de Sant'Ana, Dom Pedrito, Dunamis, Estância Paraízo, Guatambu, Nova Aliança, Peruzzo, Pueblo Pampeiro, Routhier & Darricarrère, Salton, Seival (Miolo Wine Group) e Vinhética.

Vinhos de Altitude de Santa Catarina (2021)

O selo do INPI reconhece como Vinhos de Altitude os vinhos de inverno que se beneficiam das baixas temperaturas e da alta amplitude térmica, produzidos nessa área delimitada de cerca de 20% do território catarinense que engloba 29 municípios. Estão entre eles, por exemplo, Água Doce, Bom Jardim da Serra, Bom Retiro, Caçador, Campo Belo do Sul, Fraiburgo, Iomerê, Lages, Rio das Antas, São Joaquim (berço do primeiro e mais raro vinho brasileiro, o Icewine, elaborado com uvas muito maduras congeladas, produzido pela vinícola Pericó, em 2010), Treze Tílias, Urubici, Urupema, Vargem Bonita e Videira. Ao todo, são quase 300 hectares de vinhedos plantados a uma altitude que varia entre

900 e 1.400 metros, acima do nível do mar, na região vitivinícola mais alta e mais fria do Brasil, produzindo cerca de 1,5 milhão de garrafas de vinho e espumante por ano.

Solicitada pela Associação Catarinense dos Produtores de Vinhos Finos de Altitude (Acavitis), recebem o selo de indicação de procedência os vinhos finos, vinhos nobres, vinhos licorosos, espumante natural e vinho moscatel, e o *brandy* de Santa Catarina. A vitivinícola catarinense em grande parte é resultado da iniciativa de dezenas de empresários e profissionais liberais dos mais diversos setores que, com recursos próprios, apostaram na produção de vinhos e espumantes em terras altas e frias.

Estão aprovadas para produção dos vinhos da IP as variedades finas Aglianico, Cabernet Franc, Cabernet Sauvignon, Chardonnay, Garganega, Gewürztraminer, Grechetto, Malbec, Marselan, Merlot, Montepulciano, Moscato Bianco, Moscato Giallo, Nero d'Avola, Petit Verdot, Pignolo, Pinot Noir, Rebo, Refosco, Ribolla Gialla, Rondinella, Sangiovese, Sauvignon Blanc, Sémillon, Syrah, Touriga Nacional e Vermentino.

Fazem parte da Acavitis as vinícolas Abreu Garcia, D'Alture, Fattoria Monte Alegre, Hiragami, Kranz, Leone di Venezia, Monte Agudo, Pericó, Pizani, Quinta da Neve, Quinta das Araucárias, Sanjo, Santa Augusta, Santo Onofre, Serra do Sol, Suzin, Taipa Meyer, Terramilia, Thera, Urupema, Villa

Francioni, Villaggio Bassetti, Villaggio Conti, Villaggio Grando, Vivalti e Zanella Back.

Vale do São Francisco (2022)

A região, conhecida como Submédio do Vale São Francisco, está situada nos paralelos 7 e 10 de latitude sul, no Vale do Médio São Francisco, na divisa entre Pernambuco e Bahia, em meio à Caatinga, fora da faixa apropriada para o cultivo de uvas viníferas destinadas à elaboração de vinhos finos. A área dos vinhedos totaliza cerca de 500 hectares. Ainda que chova pouco na região – são 3.100 horas de sol ao ano –, que a temperatura seja elevada, em média 27 °C, e que o solo seja argiloso e de topografia plana, com altitude média de 350 metros, ela produz vinho de um jeito que não se faz em nenhum outro lugar do mundo. O segredo? As águas do Velho Chico. Graças à irrigação com água do rio São Francisco, por meio de um sistema de gotejamento, a viticultura se tornou possível. Hoje, o vale vem surpreendendo com a produção dos chamados vinhos tropicais, em vinícolas instaladas nos municípios pernambucanos de Petrolina, Lagoa Grande e Santa Maria da Boa Vista, além de Casa Nova e Curaçá, na Bahia, no chamado Submédio São Francisco. Elas chegam a colher até duas safras e meia por ano, mais que o dobro de uma vinícola no sul gaúcho, com uma safra anual. Segundo o Instituto do Vinho Vale do São Francisco (Vinhovasf), o vale é a terceira maior região produtora de vinhos finos do Brasil. Sua produção perfaz cerca de 7,5 milhões de litros de vinhos de uvas viníferas e 10 milhões de litros de vinhos de não viníferas. O Instituto reúne as vinícolas Adega Bianchetti Tedesco (Bianchetti), Mandacaru (Cereus Jamacaru), Quintas de São Braz (São Braz), Santa Maria/Global Wines (Rio Sol), Terranova (Miolo), Terroir do São Francisco (Garziera), Vale do São Francisco (Botticelli) e Vinum Sancti Benedictus (VSB).

A região, que se consolidou como polo produtor de vinhos finos – alguns premiados internacionalmente – e redesenhou o mapa vinícola do país, deu um importante passo: obteve o reconhecimento de Indicação de Procedência do Vale do São Francisco para seus vinhos finos tranquilos e espumantes, em novembro de 2022. Como consequência, está em fase de estruturação para se tornar a primeira IP do mundo para vinhos tropicais, o que comprova a diversidade de *terroirs* nacionais.[2]

Jorge Tonietto, engenheiro agrônomo e pesquisador da Embrapa Uva e Vinho na área de zoneamento e indicações geográficas, explica: "O Brasil inovou dentre os países vitivinícolas do Novo Mundo, ao direcionar o desenvolvimento das indicações geográficas e denominações de origem com foco nas originalidades de cada território do vinho. Elas têm sido estruturadas pelas coletividades de produtores, agregando o conceito complexo de qualidade dos produtos que alia região delimitada, relevo, clima, solo, variedades, sistemas de produção, produtividade contro-

---

2 Nota da autora: Para saber mais sobre as indicações geográficas, consulte o site da Embrapa (www.embrapa.br).

lada, qualidade diferencial da uva para vinificação, tipos de vinhos, padrões analíticos e sensoriais diferenciados, controle da produção e selo de controle dos produtos para o mercado. Um verdadeiro foco na valorização do *terroir* vitivinícola, reconhecido e protegido pela propriedade intelectual conferida às Indicações Geográficas. Assim segue o Brasil vitivinícola, criando e valorizando suas originalidades, com a cor, o sabor e o gosto bem brasileiros".

"Quando **AMADURECIDOS** em barris de **CARVALHO**, tornam-se **COMPLEXOS**, untuosos e bem **AROMÁTICOS**"

PRINCIPAIS VARIEDADES VINÍFERAS

Conheça algumas uvas que representam os variados *terroirs* do Brasil e experimente exemplares produzidos por nossas vinícolas.

Brancas

ALVARINHO: Cultivada no noroeste de Portugal, faz parte da elaboração dos famosos e renomados vinhos verdes, de baixo teor alcoólico e muito frescor, sendo que alguns são levemente frisantes. Essa uva também produz vinhos brancos leves, delicados, aromáticos, com toques cítricos. No Brasil é cultivada na Campanha Gaúcha, em Pinheiro Machado, em Monte Belo do Sul, nos Campos de Cima da Serra e, mais recentemente, em Santa Teresa, no Espírito Santo.

Experimente: Enos Super Alvarinho Safra Centenária 2020; Hermann Matiz Alvarinho 2018.

CHARDONNAY: Variedade francesa, da região da Borgonha, de fácil adaptação, é resistente e produtiva na maioria dos climas e solos. Considerada a rainha das brancas, quando o vinho não passa em madeira tem aromas de maçã, melão, abacaxi e pêssego. Também podem aparecer aromas amanteigados, quando barricado. Em climas frios, a Chardonnay gera vinhos mais cítricos. Em climas quentes, o produto tende a ser bem encorpado, com grau alcoólico elevado e baixa acidez. Em São Joaquim tem rendido vinhos com bom potencial de guarda. Está se adaptando muito bem em Campos de Cima da Serra, e na Denominação de Origem Vale dos Vinhedos é a principal casta branca.

Experimente: Gazzaro Gran Reserva Chardonnay 2020; Casa Valduga Gran Leopoldina Chardonnay DO 2020.

CHENIN BLANC: Principal uva do Vale do Loire, dá origem a desde brancos secos, que envelhecem bem, a vinhos de sobremesa e até espumantes estilo champagne. Seus vinhos têm acidez marcante, bastante frescor e aromas de frutas cítricas e tropicais, como o maracujá. Está presente no Vale do São Francisco.

Experimente: Cattacini Vale do Luar Chenin Blanc 2013; Botticelli Chenin Blanc 2019.

GEWÜRZTRAMINER: Variedade de bagos rosados, encontrou seu melhor solo na região francesa da Alsácia, mas também vive bem na Alemanha e em outras regiões de clima frio da Europa e do mundo. Produz vinhos com aroma de flores (rosa e jasmim), lichia e especiarias, como denuncia o próprio nome – *Würze* significa especiaria, em alemão –, e com baixa acidez. Vemos seu cultivo na Campanha Gaúcha e em Santa Catarina.

🍷 ***Experimente:*** Cordilheira de Sant'Ana Reserva Especial Gewürztraminer 2020; Luiz Argenta LA Jovem Gewürztraminer 2021.

GLERA: Para proteger a Denominação de Origem Prosecco, desde agosto de 2009 a uva italiana de mesmo nome passou a ser denominada Glera. Seus espumantes costumam ser leves e florais. Há excelentes exemplares em diversas regiões frias do Rio Grande do Sul e Santa Catarina, na Serra da Mantiqueira (SP e MG) e no Vale do São Francisco (BA e PE).

🍷 ***Experimente:*** Espumante Boscato Prosecco; Espumante Tenuta Foppa & Ambrosi Cultura Prosecco Glera 2020.

MALVASIA: Originária do Mediterrâneo, a Malvasia é uma grande família de uvas que abriga uma variedade de castas, na qual estão a Malvasia Bianca, a Malvasia de Candia e a Malvasia Nera. Todas as castas, embora com diferentes graus de intensidade, são caracterizadas pelo elevado teor de açúcar e pelo aroma de suas uvas, que lembram o da Moscatel. A uva Malvasia é empregada na produção de vinhos doces e espumantes. Muito cultivada na região da Serra Gaúcha e Serra do Sudeste.

🍷 ***Experimente:*** Don Laurindo Malvasia de Cândia 2021; Faccin Malvasia Bianca 2021.

MOSCATO: É uma das castas mais antigas conhecidas. São cerca de 150 variedades de Moscatel, que variam entre uvas brancas e tintas, viníferas e híbridas (combinações genéticas de uvas de mesa e de uvas finas). Algumas variedades da Moscato estão bem adaptadas ao solo brasileiro, como a Moscato Branco, típica do terroir de Farroupilha. A uva é colhida cedo, com baixo teor de açúcar e acidez elevada. Está presente na Serra Gaúcha com seus varietais e no Vale de São Francisco com seus vinhos de colheita tardia, além dos varietais.

Experimente: Casa Pedrucci Moscatel Espumante 2020; Monte Paschoal Moscatel Espumante.

PEVERELLA: Uva proveniente do norte da Itália, chegou ao Brasil com os imigrantes, no fim do século XIX. Seu sabor levemente picante na ponta da língua confere o nome à variedade, já que *pevero*, no dialeto vêneto, significa pimenta. Na década de 1940, se tornou a variedade branca mais plantada na Serra Gaúcha, porém trinta anos depois chegou quase à extinção. Atualmente restam poucos vinhedos, concentrados na região nordeste de Bento Gonçalves. A variedade tem sido muito empregada na elaboração dos vinhos laranja.

Experimente: Era dos Ventos Espumante Peverella; Negroponte Vogal do Beijo Peverella.

PINOT GRIS (FR) ou PINOT GRIGIO (IT): Oriunda de mutação da Pinot Noir, essa variedade de uva produz brancos leves e refrescantes, de acidez média, com aromas que variam de acordo com a região produtora. A casta é cultivada na Campanha Gaúcha e nos Campos de Cima da Serra.

Experimente: Dunamis Pinot Grigio 2021; Casa Olivo 1033 Pinot Grigio 2020.

RIESLING ITÁLICO: Muito cultivada no Leste Europeu, no norte da Itália e no sul do Brasil, onde foi introduzida em 1900, essa cepa não tem qualquer ligação com a verdadeira Riesling. Uva de fácil adaptação, com excelente acidez, mas pouco aroma (não vai além dos cítricos) e estrutura. No Brasil costuma ser muito usada nos cortes para a produção de espumantes. Presente na Serra Gaúcha e na Campanha Gaúcha.

Experimente: Domínio Vicari Riesling Itálico 2017; Viapiana Extra Brut 250 Dias.

SAUVIGNON BLANC: A Campanha Gaúcha e os Campos de Cima da Serra (região de Vacaria) e a região de altitude do estado de Santa Catarina vêm se destacando na produção dessa uva. Originária de Bordeaux, na França, seus vinhos costumam ter acidez equilibrada e intensidade aromática elevada, com notas frutadas e vegetais bem presentes.

Experimente: Amitié Sauvignon Blanc 2020; Maria Maria Graça Sauvignon Blanc 2021.

SÉMILLON: Outra uva de Bordeaux, cultivada em várias partes do mundo, é ela que dá origem ao Sauternes, o vinho doce "dos deuses", como se diz na França. Quando jovens, os vinhos produzidos com essa cepa são leves e cítricos, no entanto, quando amadurecidos em barris de carvalho, tornam-se complexos, untuosos e bem aromáticos. No Brasil são raros os vinhedos da Sémillon, mas há alguns na Serra Gaúcha e na Serra Catarinense.

🍷 *Experimente:* Miras Sémillon Reserva 2017; Sémillon Juan Carrau 2002.

TREBBIANO: Uva muito cultivada na Itália, principalmente na Toscana, é resistente a doenças e apresenta alto rendimento. É uma das variedades brancas mais cultivadas no mundo. Produz vinhos leves e refrescantes, com bom índice de acidez e baixo teor de açúcar. Em solo francês recebeu o nome Ugni Blanc. No Brasil tem proporcionado a produção de bons vinhos na Serra Gaúcha.

🍷 *Experimente:* Cão Perdigueiro Trebbiano 2021; Espumante Petronius Sur Lie 2017.

VIOGNIER: Uva que produz vinhos brancos secos, de médio corpo, com aromas florais e acidez moderada, feitos para serem consumidos jovens. Cepa de difícil cultivo, rendimentos baixos e colheita tardia, a Viognier quase desapareceu por falta de interesse de seus produtores. Podemos observar a produção dessa uva na região da Serra Gaúcha, na Campanha Gaúcha e em Campos de Cima da Terra, bem como nos estados da Bahia e de Minas Gerais.

🍷 *Experimente:* Campos de Cima Cepas Viognier 2021; Guaspari Viognier Vista do Bosque 2018.

Tintas

ALICANTE BOUSCHET: Variedade de origem francesa, a Alicante Bouschet produz vinhos quase negros, frutados, com grande concentração de taninos e ótimo potencial de envelhecimento. A cepa se adaptou muito bem no Vale do São Francisco.

Experimente: Rio Sol Gran Reserva Alicante Bouschet 2017; Salvattore Reserva Alicante Bouschet 2020.

ANCELOTA OU ANCELOTTA: Originária da região italiana de Emilia-Romagna, essa variedade é muito usada em *assemblages* de vinhos tintos e espumantes tintos italianos, os famosos Lambruscos. A Ancelota resulta em vinhos de cor intensa, de corpo médio, acidez mediana, taninos maduros e potentes aromas de fruta vermelha madura. No Brasil é cultivada em vinhedos da região da Serra Gaúcha, no extremo sul do país.

Experimente: Don Laurindo Reserva Ancelotta 2018; Peculiare Gran Reserva Ancelota 2015.

BARBERA: Nativa do Piemonte, é a cepa mais plantada na Itália. Resulta em vinhos frutados, com grande acidez e poucos taninos. Quando amadurecidos em carvalho, perdem parte da acidez e ganham complexidade aromática. Está presente em Goiás e em muitos cortes de vinhos comuns no Rio Grande do Sul e Santa Catarina.

Experimente: Casa Perini Vitis Barbera 2013; Pirineus Bandeiras 2018.

CABERNET FRANC: Da região de Bordeaux, é considerada a prima-irmã da Cabernet Sauvignon. Origina vinhos pouco encorpados, com elevada acidez e taninos intensos na juventude e toques herbáceos. Adaptou-se bem em todo o Rio Grande do Sul, onde produz bons rótulos tanto no Vale dos Vinhedos quanto na Campanha Gaúcha, em Flores da Cunha e, principalmente, em Pinto Bandeira. A cepa apresenta bom desempenho, também, em alguns vinhedos de dupla poda.

Experimente: Tempos de Góes Philosophia Cabernet Franc 2018; Valmarino Cabernet Franc TOP XXV 2020.

CABERNET SAUVIGNON: Também da região de Bordeaux, é a "rainha das tintas", a mais importante do mundo vinícola de hoje. É bastante adaptável aos diversos tipos de clima e solo, resistente às intempéries e com grande capacidade de envelhecimento. Apresenta cor intensa, muitos taninos e é considerada complexa pela quantidade de aromas que exprime: cerejas maduras, cassis, pimentão, menta, aspargos, eucalipto, café, tabaco, madeira. Está presente em todas as regiões vinícolas brasileiras, com destaque para São Joaquim, Serra do Sudeste e Médio São Francisco.

Experimente: Aracuri Collector Cabernet Sauvignon 2014; Don Abel Rota 324 2012.

CARMÉNÈRE: Originária de Bordeaux, é a vinha-símbolo do Chile, onde foi confundida com a variação Merlot por muitos anos. Os vinhos produzidos com essa uva são bem estruturados, de cor escura, baixa acidez e sabor marcante com aromas que remetem a frutas vermelhas. Alguns vinhedos exclusivos de Carménère estão no Sul.

Experimente: Fabian Reserva Carménère 2020; Helios Rodes 2017.

EGIODOLA: Francesa, essa variedade é um cruzamento das uvas Abouriou e Fer Servadou. Tânica, tem pouca acidez e é geralmente usada em cortes com a Tannat e a Cabernet Franc. Também dá origem a varietais. Foi implantada em 1988, pela vinícola Pizzato, no Vale dos Vinhedos.

Experimente: Cave de Pedra Reserva Egiodola 2018; Pizzato Egiodola Reserva 2019.

GAMAY: Da região de Beaujolais, é cultivada na Serra Gaúcha. Seus vinhos cheios de frescor são leves, frutados e pouco tânicos. As vinícolas Miolo e Dal Pizzol produzem bons exemplares.

Experimente: Capoani Gamay Nouveau 2021; Dal Pizzol Gamay Beaujolais 2021.

MALBEC: Embora de origem francesa, se adaptou bem à Argentina, onde dá origem a vinhos bem encorpados, de coloração intensa, com aromas que lembram frutas vermelhas, textura aveludada e taninos persistentes. Bons exemplares são elaborados nas cidades gaúchas de Alto Feliz, Bento Gonçalves e Campestre da Serra.

Experimente: Almaúnica Reserva Malbec 2018; Franco Italiano Paradigma Rotto Malbec 2018.

MARSELAN: Variedade de origem francesa, é o resultado do cruzamento das cepas Cabernet Sauvignon e Grenache. Vinhos elaborados com essa uva têm aroma de frutas vermelhas, como cereja e amora, e especiarias. Bem estruturados, apresentam taninos potentes. Algumas vinícolas do Sul se dedicam ao cultivo dessa uva.

Experimente: Dom Cândido 4ª Geração Marselan 2017; Dom Bernardo Marselan 2019.

MERLOT: Francesa, da região de Bordeaux, essa uva é uma das mais plantadas no mundo. Divide com a Cabernet Sauvignon o título de principal uva tinta do Brasil. No aroma e no gosto, um bom Merlot é reconhecido quando se identificam frutas vermelhas (framboesa, cereja, ameixa e groselha). Comparada com a Cabernet Sauvignon, a Merlot é menos tânica e tem mais açúcar. Origina vinhos macios e aveludados. Dá os melhores tintos na Serra Gaúcha.

Experimente: Miolo Merlot Terroir DO 2018; Villaggio Grando Merlot 2018.

MONTEPULCIANO: Nativa da Itália, da região de Abruzzo, é a segunda tinta mais cultivada, depois da Sangiovese, em seu país de origem. Essa uva produz vinhos leves, com alto teor alcoólico, baixa acidez, coloração profunda e taninos suaves. Tem presença marcante na Serra Catarinense.

Experimente: Leone di Venezia Montepulciano 2019; Arte da Vinha Bastardos Montepulciano 2019.

NEBBIOLO: Originária da região italiana do Piemonte, seu nome deriva de *nebbia,* uma referência à neblina que encobre os campos piemonteses no outono. Seus vinhos são bem estruturados, apresentam acidez notável, taninos marcantes, com excelente potencial de envelhecimento. A cepa é encontrada no Sul.

Experimente: Liberum Manus Nebbiolo Rosé 2020; San Michele Barone 2019.

PETIT VERDOT: Casta bordalesa, dá origem a tintos intensos, robustos, tânicos e com toques florais e notas de frutas maduras. Variedade de amadurecimento lento, seu nome faz referência ao pequeno tamanho de seus cachos. Marca presença na Serra Gaúcha e em São Joaquim (SC).

Experimente: Bueno Petit Verdot Reserva 2020; Suzin Petit Verdot 2019.

PINOT NOIR: Originária da Borgonha, é sensível às condições climáticas e não suporta temperaturas altas. Em geral produz vinhos com pouca intensidade de cor, leves e elegantes, com acidez de moderada a alta, poucos taninos e aromas característicos de frutas, principalmente de morango, cereja, ameixa. Apesar de ser uma uva tinta (bordô), no Brasil é empregada na elaboração de espumantes. Campos de Cima da Serra, Serra Gaúcha e Planalto Catarinense se destacam na produção dessa uva.

Experimente: Casa Geraldo Pinot Noir Colheita de Inverno 2020; Cave Geisse Rosé Brut 2018.

SANGIOVESE: Bastante difundida na região central da Itália, principalmente na Toscana, era cultivada na Antiguidade pelos etruscos, que a chamavam de *Sanguis Joves* (sangue de Júpiter). A Sangiovese entra na elaboração do cultuado Brunello di Montalcino, ou em corte com outras espécies de uvas, caso dos Chianti e Supertoscanos. Essa uva é caracterizada por uma elevada e agradável acidez, taninos equilibrados, aromas de fruta e corpo médio-leve. É também utilizada para produzir espumantes, rosés e vinhos de sobremesa. A Serra Gaúcha, a Serra do Sudeste, a Campanha, e São Joaquim, em terras catarinenses, elaboram vinhos de boa qualidade com essa uva.

🍷 ***Experimente:*** Atelier Tormentas Vermelho Sangiovese 2016; Villaggio Conti Rosso D'Altezza Sangiovese 2020.

SYRAH: Uva tradicional do Vale do Rhône, teve excelente adaptação na Austrália, onde é grafada *Shiraz*. A Syrah faz vinhos encorpados, de coloração intensa, com bastante álcool e marcadamente frutados, com aromas de amora, cassis, cereja e framboesa. Brilha no Vale do São Francisco na produção de espumantes e varietais. Na Serra da Mantiqueira, na divisa do sul de Minas Gerais com o estado de São Paulo, se tornou a variedade tinta favorita dos adeptos da dupla poda.

🍷 ***Experimente:*** Casa Verrone Colheita Especial Syrah 2020; Sacramentos Sabina Syrah 2021.

TANNAT: Sua origem é a França, mas a variedade está muito associada à produção de vinhos no Uruguai, país onde se adaptou muito bem. A uva resulta em vinhos de cor intensa, muito potentes, adstringentes e tânicos (daí a origem de seu nome). São comuns os aromas frutados e notas de especiarias. Firmou-se como a uva emblemática da Campanha Gaúcha. Também está presente da Serra do Sudeste e nos Campos de Cima da Serra.

🍷 ***Experimente:*** Rastros do Pampa Tannat 2020; Torcello Tannat 2018.

TEROLDEGO: Variedade italiana que vem se adaptando ao clima de Santa Catarina e do Rio Grande do Sul. Seus vinhos apresentam acidez equilibrada, aromas frutados e bom potencial de envelhecimento.

🍷 *Experimente:* Barcarola Specialità Teroldego 2018; Don Guerino Teroldego Origine 1880 2019.

TEMPRANILLO: Como sugere o nome – do diminutivo da palavra espanhola *temprano,* que significa cedo –, é uma uva que amadurece precocemente. Variedade emblemática da Espanha, produz vinhos de cor intensa, bem estruturados, com ótima acidez, aromas de frutas vermelhas, tabaco e especiarias, que se prestam ao amadurecimento em carvalho. De fácil cultivo, se destaca na Serra do Sudeste, na Campanha Gaúcha, no oeste de Santa Catarina e no Submédio do Vale do São Francisco. No Sudeste, produtores vêm tendo êxito no cultivo com dupla poda.

🍷 *Experimente:* Stella Valentino Tempranillo Gran Reserva 2019; Tempranillo Sepé 2019.

TOURIGA NACIONAL: Variedade de origem portuguesa, a Touriga Nacional pode resultar em bons varietais, de cor intensa, tânicos, com aromas florais, predominantemente de violetas, e boa capacidade de guarda. É cultivada no Nordeste, na Serra Gaúcha e na Campanha Gaúcha.

🍷 *Experimente:* Peterlongo Armando Memória Toriga Nacional 2017; Família Bebber Touriga Nacional Reserva 2019.

NOSSOS VINHOS, NOSSAS RECEITAS

"O VERBO 'HARMONIZAR', quando conjugado com vinhos e comidas, assume necessariamente o significado de combinação de sabores, com a intenção de explorar ao máximo as possibilidades de apreciação da bebida e das iguarias, potencializando seus valores. A ideia de enogastronomia, ou seja, da harmonização, é, em suma, fazer com que vinhos e comidas se unam, se completem, se equilibrem. E, uma vez associados, ajustem possíveis falhas ou excessos, sem com isso perderem suas identidades e peculiaridades.

"O bom encontro entre um vinho e um prato é aquele que deixa a sensação de que a união de ambos gerou uma terceira identidade, na qual alimentos e vinhos se fundem, sem perder suas características, para proporcionar prazer", ensina Deise Novakoski, coautora com Renato Freire do livro *Enogastronomia: a arte de harmonizar cardápios e vinhos* (Editora Senac Nacional, 2005).

Até há bem pouco tempo, a tradição mandava que os nossos pratos regionais fossem servidos com cachaça ou cerveja. Felizmente isso mudou. Galinha ao molho pardo, arroz com pequi, frango com quiabo, barreado, vaca atolada, baião de dois, picadinho, maniçoba, moqueca capixaba, leitão à pururuca, virado à paulista, vatapá, xinxim de galinha, arroz de carreteiro, carne-seca na manteiga de garrafa, bobó de camarão, tacacá, buchada de bode, entrevero de pinhão, feijoada, cuscuz paulista, empadão goiano, galinhada, jabá com jerimum, pirarucu de casaca, rabada, carneiro no buraco, socol, camarão no bafo, mojica, escondidinho, tainha na taquara, sanduíche de pernil, de costela, de mortadela, acarajé, biscoito de polvilho, bolo Souza Leão, bolo de rolo, pudim de leite, quindim... *Habemus terroirs* para todos, sim, senhor!

Profissionais de todo o Brasil mostram e comprovam isso. Confira nas próximas páginas.

ACRE

RABADA NO TUCUPI

Bella Quinta Palha Cabernet Franc

Por Amanda Vasconcelos

Ingredientes

Para a rabada

- 1,5 kg de rabo de boi
- Sal, pimenta-do-reino e pimenta-caiena a gosto
- 500 g de jambu
- 1 cebola grande picada
- 6 dentes de alho picados
- 6 pimentas-de-cheiro sem semente picadas
- 50 g de chicória
- 2 maços de cheiro-verde (cebolinha, coentro e salsinha) picados
- 2 litros de tucupi

Para a farofa

- 6 dentes de alho picados
- 50 g de óleo

- 150 g de manteiga
- 500 g de farinha de mandioca de Cruzeiro do Sul
- 1 colher (chá) de sal

Preparo

Rabada

1. Limpe bem o rabo e tempere com sal, pimenta-do-reino e pimenta-caiena.
2. Leve ao forno até dourar, mais ou menos 2 horas.
3. Escalde o jambu em água fervente.
4. Em uma panela grande, doure a cebola, o alho, as pimentas, a chicória, o cheiro-verde e adicione o tucupi.
5. Coloque o rabo e o jambu, acerte o sal e deixe cozinhar por mais 30 minutos.
6. Sirva com arroz branco e farofa feita com farinha de Cruzeiro do Sul.

Farofa

1. Leve ao fogo uma panela grande e aqueça bem.
2. Frite o alho com um fio de óleo até que esteja levemente dourado.
3. Em seguida, adicione a manteiga e abaixe o fogo. Tão logo a manteiga derreta, comece a adicionar a farinha de mandioca, mexendo sempre, para não queimar a farofa.
4. Tempere com o sal, misture e reserve.

Rendimento: 5 porções

ALAGOAS

 CARNE DE SOL DO PICUÍ COM PIRÃO DE QUEIJO COALHO

🍷 Miolo Testardi Syrah 2020

Por Wanderson Medeiros

Ingredientes

Para a carne de sol
- 800 g de filé-mignon limpo
- 20 g de sal fino
- 100 ml de manteiga de garrafa

Para o pirão
- ¼ de cebola picadinha
- 15 g de alho-poró picadinho
- 300 ml de leite
- 1 folha de louro
- 6 sementes de coentro
- 4 sementes de pimenta-do-reino preta
- 300 g de queijo de coalho

- 50 ml de manteiga de garrafa
- 25 g de farinha de mandioca fina

Para o chips de mandioca

- 300 g de mandioca descascada
- Óleo q.b. para fritar em imersão
- Sal a gosto

Preparo

Carne de sol

1. Corte a carne em porções de 200 gramas e salgue as porções de maneira uniforme. Deixe desidratando na parte baixa da geladeira por 4 dias, sobre um escorredor ou recipiente furadinho para que a salmoura não fique em contato com a carne. A cada dia descarte a salmoura que se forma embaixo.

2. Retire o sal da carne em água corrente. Seque bem e reserve.

3. Em uma frigideira, coloque parte da manteiga de garrafa e doure a carne de todos os lados. Se preferir bem passada, leve a carne ao forno preaquecido a 180 °C por 5 minutos.

Pirão de queijo de coalho

1. Refogue rapidamente a cebola e o alho-poró em parte da manteiga. Abaixe o fogo, acrescente o leite, o louro, as sementes de coentro e da pimenta. Quando levantar fervura, desligue e coe. Reserve o leite e descarte o restante.

2. Corte o queijo em cubinhos, coloque no liquidificador com o leite e processe até formar um creme homogêneo. Leve ao fogo com o restante da manteiga e a farinha de mandioca, mexendo sempre até adquirir a consistência de um purê.

3. Acerte o sal, se necessário.

Chips de mandioca

1. Com o auxílio de um mandolin, fatie finamente a mandioca.

2. Frite em óleo bem quente até dourar.

3. Escorra em papel-toalha.

4. Quando o chips estiver bem sequinho, coloque o sal.

Montagem

1. No centro do prato, coloque o pirão e, sobre ele, disponha a carne de sol.

2. Regue com a manteiga de garrafa e decore com os brotos de coentro.

3. Sirva acompanhada de chips de mandioca.

Rendimento: 4 porções

AMAPÁ

MOJICA DE CAMARÃO REGIONAL

Don Guerino Sinais Riesling 2021

Por Daniela Martins

Ingredientes

- 400 g de camarão de água doce descascado
- Suco de meio limão
- 2 dentes de alho socados
- Azeite a gosto
- Sal a gosto
- 2,5 litros de água
- 1 cebola cortada em cubos
- 1 tomate cortado em cubos
- 1 pimenta-cumari do Pará
- 2 colheres (sopa) de coentro picado
- 1 colher (sopa) de chicória picada (coentro-do-norte)
- 1 colher (chá) de alfavaca picada

- 1 pimenta-de-cheiro
- 300 g de farinha de d'água de mandioca
- 250 g de batata cozida descascada e cortada em cubos pequenos

Preparo

1. Lave bem o camarão em água corrente.
2. Tempere com o suco de limão, o alho, o azeite e o sal. Acrescente 500 ml de água e deixe tomar gosto, por aproximadamente 20 minutos.
3. Em uma caçarola com azeite, refogue o alho, a cebola, o tomate, a pimenta- cumari do Pará e os temperos verdes. Coloque o sal e o camarão.
4. Quando estiver bem refogado, acrescente a pimenta-de-cheiro sem amassar e o restante da água. Deixe ferver por 10 minutos.
5. Junte a farinha d'água de mandioca aos poucos até formar um caldo ralo e ferva por mais 10 minutos.
6. Acerte o sal e acrescente as batatas.
7. Sirva bem quente em cuias.

   Rendimento: 4 porções

AMAZONAS
XIBÉ À MODA DO CAXIRI
Lidio Carraro Dádivas Chardonnay 2021

Por Debora Shornik

Ingredientes

Para o xibé

- 50 g de farinha de Uarini
- 30 ml de água
- 2 g de sal
- 1 pitada de açúcar
- 50 ml de tucupi amarelo
- 1/3 de cebola-roxa cortada fina
- 1 rodela de abacaxi grelhado
- 1 ramo de cheiro-verde desfolhado
- 2 folhas de chicória cortadas bem fininha
- 1 colher (chá) de molho de pimenta
- 5 unidades de camarão rosa sem casca, temperados com sal, limão e pimenta-do-reino a gosto
- 10 ml de azeite

Para o molho de tucupi agridoce
- 1 litro de tucupi amarelo
- 50 g de gengibre
- 150 g de açúcar cristal
- 100 ml de saquê

Preparo

Xibé

1. Em uma tigela, coloque a farinha, a água, o sal e o açúcar. Mexa, adicione o tucupi e deixe hidratar por aproximadamente 20 minutos.

2. Com o auxílio de um garfo, solte os grãos de farinha e acrescente a cebola-roxa, o abacaxi, o cheiro-verde, a chicória e o molho de pimenta. Misture bem, transfira para um prato e reserve.

3. Em uma frigideira, grelhe os camarões no azeite e disponha sobre o xibé.

4. Sirva a seguir, acompanhado, à parte, do molho de tucupi agridoce.

Molho de tucupi agridoce

1. Em uma panela, cozinhe o tucupi com o gengibre, o açúcar e o saquê até que reduza 30% do volume do molho.

Rendimento: 1 porção

BAHIA
ARROZ DE GARIMPEIRO CREMOSO
UVVA Microlote Cabernet Sauvignon 2019

Por Ieda Matos

Ingredientes

Para o arroz

- 2 colheres (sopa) de óleo
- 1 folha de louro
- 3 dentes de alho picados
- 2 xícaras (chá) de arroz vermelho
- 1 tomate médio picado
- 2 fatias de abóbora cortadas em cubos
- 1 batata-doce cortada em cubos
- 1 cenoura cortada em cubos
- 1 chuchu cortado em cubos
- 4 jilós cortados em quatro
- 4 quiabos cortados em fatias finas
- 100 g de carne de sol (ou charque) cortada em cubinhos

- 50 g de linguiça calabresa defumada cortada em cubos
- 30 g de bacon cortado em cubos
- 1 cebola picada
- 1 pimentão pequeno picado
- Sal a gosto
- 1 pitada de açafrão
- 1 pitada de colorau
- 1 colher (chá) de tempero baiano
- 200 g de nata
- 100 g de queijo Serra do Sincorá ralado (ou qualquer outro queijo meia-cura)

Para a finalização
- 4 fatias de jiló grelhadas
- 4 metades de quiabo grelhadas
- Salsinha ou coentro picado a gosto
- Banana-da-terra cortada em fatias finas grelhadas (opcional)

Preparo

1. Em uma panela média, refogue com óleo o louro e um dente de alho picado.
2. Acrescente o arroz vermelho e refogue mais um pouco. Despeje uma quantidade de água suficiente para cobrir o arroz e deixe cozinhar por 40 minutos, até que fique

macio. Se necessário, vá adicionando um pouco mais de água. Reserve.

3. Em outra panela, cozinhe os legumes, um de cada vez, porque têm tempo de cocção diferentes, e, ao final, reserve a água do cozimento.

4. Em uma frigideira funda, frite a carne, a linguiça e o bacon. Adicione a cebola e refogue até ficar translúcida. Junte o pimentão, o alho restante e sal, e refogue mais um pouco com cuidado para não queimar o alho.

5. Acrescente os legumes e os temperos secos e refogue por mais 2 minutos. Junte o arroz com uma concha do caldo do cozimento dos legumes e misture delicadamente. Verifique o sal. Acrescente a nata e misture bem.

6. Adicione o queijo ralado e deixe cozinhar, mexendo às vezes, até que fique cremoso como um risoto.

7. Distribua entre 4 pratos e decore com o jiló e o quiabo grelhados. Salpique com coentro ou salsinha. Sirva a seguir acompanhado de fatias de bananas-da-terra grelhadas.

Rendimento: 4 porções

CEARÁ
PANNACOTA DE CABRA DE QUIXADÁ, RAPADURA PRETA, FARINHA D'ÁGUA E LIMÃO

Espumante Casa Perini Moscatel Summer Edition

Por Lia Quinderè

Ingredientes

Para o bolo de macaxeira

- 500 g de macaxeira cozida
- 175 ml de leite de coco
- 12 gemas
- 8 claras
- 300 g de açúcar cristal
- 100 ml de água
- 2 colheres (sopa) de manteiga

Para a pannacota de queijo de cabra

- 2,5 g de gelatina

- 112 g de creme de leite fresco
- 56 g de açúcar cristal
- 189 g de queijo de cabra

Ágar de limão
- 250 ml de sumo de limão batido com uma pitada de manjericão
- 56 g de açúcar
- 2,5 g de ágar-ágar

Para a areia de rapadura preta
- 112 g de creme de leite fresco
- 168 ml de leite
- 168 ml de água
- 56 g de glucose
- 40 g de rapadura preta ralada
- 112 g de chocolate 70%

Para a farofa de farinha d'água
- 80 g de farinha d'água
- 40 g de açúcar
- 20 g de açúcar mascavo
- 20 g de castanha-de-caju
- 20 g de manteiga

- 20 g de amêndoas trituradas
- 1 pitada de sal

Para a decoração
- Flores comestíveis
- Mel de Jataí

Preparo

Bolo de macaxeira

1. Misture a macaxeira, o leite de coco e as gemas.
2. Bata as claras em neve. Junte a macaxeira, delicadamente.
3. Faça um caramelo com o açúcar e a água. Quando estiver escuro e com pequenas bolhas, adicione a manteiga e junte a mistura de macaxeira.
4. Em forma untada, leve o bolo ao forno médio e preaquecido para assar.

Pannacota de queijo de cabra

1. Hidrate a gelatina.
2. Esquente o creme de leite com o açúcar. Adicione a gelatina e mexa até dissolver.
3. Com o auxílio de um fouet, misture o queijo de cabra.
4. Enforme, posicionando uma fatia do bolo de macaxeira no centro da fôrma, e leve ao freezer.

Ágar de limão

1. Ferva o limão com o açúcar e o ágar-ágar e leve ao freezer.
2. Quando estiver estável, bata com o mixer até que fique brilhoso.

Areia de rapadura preta

1. Ferva o creme de leite, o leite, a água, a glucose e a rapadura preta.
2. Derrame a mistura fervente sobre o chocolate para derretê-lo. Congele por 24 horas. Processe na Termomix® e congele novamente.
3. Raspe a superfície do chocolate com um garfo para dar textura de areia.

Farofa de farinha d'água

1. Misture os ingredientes e leve ao forno para dourar.

Montagem

1. Em cima da areia de rapadura, posicione a pannacota.
2. Decore com gotas do ágar de limão, com as flores comestíveis, com a farofa de farinha d'água e com gotas de mel de Jataí.

Rendimento: 5 porções

DISTRITO FEDERAL
GALINHADA DO CERRADO

 Maximo Boschi Biografia Chardonnay 2016

Por Francisco Ansiliero

Ingredientes

- 15 g de polpa de buriti hidratada
- 200 g de sobrecoxa de frango caipira desossada
- Suco de ½ limão
- Cachaça q.b.
- Sal e pimenta-do-reino a gosto
- 30 ml de azeite extravirgem
- 1 dente de alho amassado
- ½ cebola picada
- 150 g de arroz vermelho dos kalungas
- 30 g de polpa de cagaita
- 30 g de polpa de cajuzinho-do-cerrado
- 15 g de polpa de pequi

- 1 litro de caldo de frango (*ver* receita em "Caldos básicos")
- Salsinha picada a gosto

Preparo

1. Deixe a polpa de buriti de molho em água, de um dia para o outro, para hidratar.
2. Lave o frango com o limão e a cachaça. Corte-o em pedaços pequenos, tempere com sal e pimenta-do-reino e reserve.
3. Leve uma caçarola ao fogo médio e acrescente o azeite com o alho e a cebola e deixe dourar.
4. Adicione o frango e deixe dourar bem, mexendo de vez em quando.
5. Acrescente o arroz e salteie por alguns segundos.
6. Coloque as polpas das frutas, deixe refogar um pouco e acrescente o caldo de frango.
7. Abaixe o fogo e deixe o arroz cozinhar em fogo baixo, até que esteja no ponto e os sabores estejam bem incorporados.
8. Corrija o sal e a pimenta-do-reino e finalize com a salsinha.

Rendimento: 2 porções

ESPÍRITO SANTO

GAROUPA SALGADA COM BANANA-DA-TERRA E ABÓBORA

Cantina Mattiello Piacere Blend IV

Por Juarez Campos

Ingredientes

Para a garoupa

- 1,5 kg de filé de garoupa (ou 2,5 kg de postas de garoupa)
- 150 g de sal grosso
- 1 xícara (chá) de abóbora descascada e cortada em cubos médios (opcional)
- ½ xícara de chá de azeite
- 3 cebolas médias cortadas em cubos
- 6 tomates médios bem maduros, sem sementes e cortados em cubos
- 1 maço de coentro picado
- 4 colheres (sopa) de óleo de urucum

- 3 bananas-da-terra maduras descascadas e cortadas em rodelas
- 1 xícara (chá) de caldo de peixe
- 1 maço de cebolinha verde picada
- Brotos de coentro (opcional)

Para o óleo de urucum
- 1 colher (sopa) de sementes de urucum
- 1 xícara (chá) de óleo de girassol

Para o caldo de peixe
- 1 cabeça de peixe (garoupa)
- 1 cebola pequena picada
- 1 tomate pequeno
- Coentro a gosto
- Óleo de urucum a gosto
- Água q.b.

Preparo

Garoupa

1. Salgue a garoupa com o sal grosso, coloque em uma assadeira, cubra com filme plástico e deixe na geladeira por 3 dias.
2. Diariamente escorra a água que se forma.

3. Na véspera do preparo, dessalgue a garoupa em água fria e deixe-a de molho na água. Troque a água de 4 em 4 horas. Repita esse processo por pelo menos duas vezes.

4. Pré-cozinhe a abóbora.

5. Em uma panela de barro capixaba, aqueça o azeite e refogue 2/3 da cebola. Junte 2/3 do tomate, do coentro e do óleo de urucum e refogue levemente. Coloque o peixe (se preferir corte-o em porções menores), a banana-da-terra e a abóbora.

6. Cubra o peixe com o restante dos temperos, acrescente o caldo de peixe e leve ao fogo alto por cerca de 15 minutos, com a panela tampada.

7. Acerte o sal, retire do fogo, salpique a cebolinha e regue com o restante do azeite.

8. Sirva em seguida, acompanhado de pirão, arroz branco e pimenta-malagueta em conserva.

Óleo de urucum

1. Em uma panela, coloque as sementes e o óleo e leve ao fogo baixo até que o óleo fique bem vermelho e as sementes e películas comecem a escurecer.

2. Antes que o óleo comece a esfumaçar e a queimar, retire a panela do fogo.

3. Peneire o óleo e deixe esfriar em uma tigela. Descarte as sementes.

4. Coloque o óleo frio em um pote com tampa e guarde por até 30 dias na geladeira.

Caldo de peixe

1. Em uma panela grande, coloque todos os ingredientes, cubra com água e leve ao fogo para cozinhar por 30 minutos.

2. Peneire o caldo depois de pronto.

Rendimento: 6 porções

GOIÁS

PAELLA DO CERRADO ACOMPANHADA DE FAROFA DE BARU

🍷 Vinícola Serra das Galés Muralha 2021

Por André Barros

Ingredientes

Para a paella

- 300 g de sobrecoxa de frango sem pele e sem osso
- 1 limão-galego
- 2 pimentas-de-cheiro sem sementes, partidas em quatro
- 2 pimentas-bode sem semente, partidas ao meio
- Sal a gosto
- 1 colher (sopa) de alho picado
- 50 ml de azeite
- 300 g de linguiça de porco artesanal cortada em pedaços de 5 cm
- 1 cebola pequena picada
- ½ colher (sopa) de açafrão-da-terra

- 3 tomates orgânicos maduros
- 200 g de pequi em lascas em conserva
- 200 g de guariroba em conserva
- ½ xícara (chá) de azeitonas verdes sem caroço, fatiadas
- 500 ml de caldo de legumes caseiro (Ver receita em "Caldos básicos")
- 1 xícara (chá) de ervilha congelada
- Arroz cozido
- Salsinha e cebolinha verde picados a gosto
- Sal e pimenta-do-reino moída na hora a gosto
- Azeite de oliva extravirgem a gosto

Para a farofa de baru
- ½ xícara (chá) de castanha-de-baru torrada, sem casca e picada
- 4 colheres (sopa) de manteiga
- Farinha de mandioca tipo beiju q.b.
- Flor de sal e cebolinha-verde picada a gosto

Preparo

Paella

1. Lave as sobrecoxas, escorra bem e tempere com o limão. Reserve.

2. Em um pilão, amasse bem as pimentas frescas com o sal e o alho. Tempere o frango com essa pasta. Reserve.

3. Em uma frigideira funda, aqueça o azeite e grelhe as sobrecoxas. Doure bem usando a técnica pinga e frita.* Retire as sobrecoxas e reserve.

4. Na mesma frigideira, repita o procedimento com a linguiça.

5. Escorra o caldinho do fundo da panela e reserve.

6. Ainda na mesma frigideira, coloque um pouco mais de azeite e doure a cebola e o alho. Acrescente o açafrão da terra e doure por mais 1 minuto em fogo baixo.

7. Coloque o tomate, o pequi, a guariroba, as azeitonas e refogue bem.

8. Acrescente o caldo de legumes, as ervilhas e, em seguida, arroz cozido. Misture bem até começar a ferver. Abaixe o fogo e coloque por cima as sobrecoxas e a linguiça. Tampe a panela e cozinhe por mais 1 minuto.

9. Finalize com o cheiro-verde e o coentro um fio de azeite extravirgem.

10. Sirva a paella acompanhada de farofa de baru com cebola na manteiga.

---

* Técnica pinga e frita: consiste em cozinhar uma carne lentamente, sem pressão ou imersão em água ou caldo, mas apenas colocando aos poucos a água fervente e deixando que a carne cozinhe em seu próprio suco e em sua própria gordura.

Faropa de baru

1. Doure em fogo baixo a cebola na manteiga, acrescente a farinha de mandioca e, em seguida, a castanha-de-baru.
2. Desligue o fogo, acrescente a flor de sal e um toque de cebolinha verde.
3. Sirva em uma tigela pequena ao lado da paella.

Rendimento: 4 porções

MARANHÃO

 PASTEL DE PANELADA COM GELEIA DE PIMENTA

Rio Sol Espumante Assinatura

Por Rafael Bruno

Ingredientes

Para o recheio

- Óleo para fritar
- 1 cebola picada
- 2 dentes de alho picados
- ½ pimentão picado
- 1 tomate picado
- Extrato de tomate
- Pimenta-de-cheiro a gosto
- 300 g de bucho cortado
- 100 g de tripa bovina cortada
- Água
- Sal a gosto

- Pimenta-do-reino a gosto
- 50 g de farinha de mandioca
- Cheiro-verde a gosto

Para a massa de pastel
- 500 g de farinha de trigo
- 1 colher (sobremesa) de sal
- 1 colher (sopa) de óleo
- 1 colher (sopa) de aguardente ou vinagre branco
- 200 ml de água morna

Para a geleia de pimenta
- 1 abacaxi sem o miolo, descascado e picado
- 2 pimentas-dedo-de-moça sem sementes picadas
- 30 ml de água
- 450 g de açúcar

Preparo

Recheio

1. Coloque um pouco de óleo na panela, acrescente a cebola, o alho, o pimentão e o tomate.
2. Em seguida acrescente o extrato de tomate e a pimenta-de-cheiro. Deixe refogar por alguns minutos.
3. Adicione o bucho e a tripa, cubra com água, sal a gosto e pimenta-do-reino. Deixe na pressão por 20 minutos.

4. Acrescente a farinha de mandioca.
5. Adicione o cheiro-verde e deixe esfriar.
6. Com o recheio pronto, prepare a massa do pastel.

Massa de pastel

1. Em uma vasilha, coloque a farinha, o sal, o óleo e o vinagre. Misture adicionando água.
2. Amasse até ficar bem lisa. Deixe descansar.
3. Corte a massa ao meio, abra bem fina e corte no seu formato preferido.
4. Recheie com a panelada gelada. Frite em óleo bem quente.

Geleia de pimenta

1. Em um liquidificador, coloque o abacaxi, a pimenta e a água. Bata bem.
2. Despeje o suco em uma panela e acrescente o açúcar. Para cada litro de suco, acrescente 450 g de açúcar.
3. Leve a panela ao fogo baixo mexendo sempre.
4. A geleia vai estar no ponto quando engrossar e você conseguir ver o fundo da panela.
5. Guarde a geleia, ainda quente, em um vidro com tampa. Deixe esfriar e conserve na geladeira.

Rendimento: 25 unidades

MATO GROSSO
COZIDÃO CUIABANO
Terra Nossa Locanda no Vale Syrah 2021

Por Marcelo Cotrim

Ingredientes

- 2 kg de costela fina
- Sal a gosto
- Pimenta-do-reino a gosto
- 1 folha de louro fresco
- Fio de azeite
- 1 colher (chá) de açúcar cristal
- 4 cebolas picadas
- 8 dentes de alho picados
- 4 pimentas-de-cheiro picadas
- 1 pimenta-dedo-de-moça picada
- ½ pimentão verde cortado em cubos
- ½ pimentão vermelho cortado em cubos
- ½ pimentão amarelo cortado em cubos

- 500 g de mandioca cortada em cubos
- 400 ml de vinho tinto seco
- 100 ml de água
- 300 g de cenoura cortada em cubos
- 3 espigas de milho-verde fresco cortadas ao meio
- 2 batatas-doce cortadas em cubos
- 2 batatas cortadas em cubos
- 300 g de abóbora cabotiá
- 2 bananas-da-terra maduras
- 2 bananas-da-terra verdes
- 1 maço de cebolinha picada
- 1 maço de salsinha picada
- 1 maço de coentro picado

Preparo

1. Em uma vasilha, tempere a costela com sal, pimenta-do-reino e a folha de louro e reserve por, no mínimo, 1 hora.

2. Em uma panela de pressão, coloque um fio de azeite e o açúcar. Sele a costela até ficar dourada.

3. Adicione a cebola, o alho, as pimentas e os pimentões e mexa bem. Acrescente a mandioca, metade do vinho tinto e a água. Tampe e cozinhe por 40 minutos.

4. Retire a pressão, coloque a cenoura, o milho, as batatas, a abóbora e as bananas. Adicione o restante do vinho e deixe cozinhar em fogo baixo por mais 30 minutos.

5. Acerte o sal e finalize com a cebolinha, a salsinha e o coentro.

Rendimento: 6 porções

MATO GROSSO DO SUL

SARRABULHO PANTANEIRO

🍷 067 Vinhos Eita Pega Pinot Noir Barricado 2020

Por Paulo Machado

Ingredientes

- 500 g de fígado
- Suco de 3 limões (galego ou taiti)
- 500 g de carne moída
- Sal q.b.
- 6 dentes de alho amassados no pilão
- 2 pimentas-bodinho socadas no pilão com as sementes
- 1 colher (sopa) de molho inglês
- 1 colher (sopa) de molho de soja
- 2 batatas com casca, cortadas em cubos pequenos
- Água q.b.
- 300 g de linguiça calabresa

- 100 ml de azeite
- 2 cebolas picadas
- 4 tomates picados com a pele e sem sementes
- 1 pimentão vermelho picado, sem sementes
- 2 folhas de louro
- 300 ml de vinho tinto seco (sugestão)
- 50 g de azeitonas pretas sem caroço picadas
- ½ maço de salsinha picada
- ½ maço de cebolinha picada
- ½ maço de coentro picado

Preparo

1. Limpe bem o fígado, esfregando-o com o suco de limão. Escorra a peça em uma peneira e depois pique na ponta da faca.

2. Transfira o fígado picado para um recipiente, acrescente a carne moída, misture e tempere com o sal, o alho, as pimentas, o molho inglês e o molho de soja. Reserve.

3. Em uma panela, cozinhe os cubos de batata em água abundante. Escorra e reserve.

4. Em uma panela alta, doure a linguiça no azeite. Adicione a cebola e refogue por mais alguns minutos.

5. Junte a mistura de carne, o tomate, o pimentão e o louro e refogue por 1 minuto.

6. Adicione o vinho e cubra a mistura com água. Cozinhe o sarrabulho por cerca de 40 minutos em fogo brando, com a panela semitampada.

7. Quando a carne estiver com a textura homogênea, e o molho espesso, adicione as azeitonas, as batatas, o cheiro-verde e o coentro. Cozinhe por mais alguns minutos e ajuste o sal.

8. Sirva com arroz branco.

Rendimento: 4 porções

MINAS GERAIS
CANJIQUINHA COM COSTELINHA DE PORCO
Maria Maria Cristina Gran Reserva Syrah 2016

Por Raquel Novais

Ingredientes

Para a costelinha

- 1 kg de costelinha de porco
- 6 dentes de alho
- Sal a gosto
- 2 pimentas-de-cheiro
- 1 pimenta-bode
- 1 colher (sopa) de óleo
- 200 g bacon picado
- 1 cebola grande cortada em cubos
- 1 tomate picado em cubos

- 2 litros de água fervente

Para a canjiquinha
- 300 g de canjiquinha
- 2 litros de água fervente
- ½ colher (sopa) de sal
- Salsinha picada a gosto
- Cebolinha picada a gosto

Preparo

Costelinha

1. Corte a costelinha, separando em ripas de um em um ossinho.
2. Bata o alho, o sal e as pimentas em um mixer ou no pilão e tempere a costelinha.
3. Aqueça um fio de óleo na panela de pressão, em fogo alto. Coloque a costelinha e doure bem.
4. Acrescente o bacon e a cebola e doure mais um pouco.
5. Junte o tomate e acrescente a água fervente. Tampe a panela.
6. Quando começar a chiar, abaixe o fogo e cozinhe por mais 40 minutos.

Canjiquinha

1. Em uma panela, despeje a água fervente e acrescente a canjiquinha.
2. Tempere com sal e cozinhe por 40 minutos.
3. Quando estiver terminando o tempo de cozimento da costelinha, deixe a pressão sair e acrescente a canjiquinha já cozida.
4. Finalize com a salsinha e a cebolinha. Sirva bem quente.

Rendimento: 4 porções

Dica da chef: Cozinhar separadamente a canjiquinha e a costelinha ajuda a prevenir que a canjiquinha "agarre" no fundo da panela. Entretanto, caso prefira, é possível prepará-las juntas na panela de pressão. Siga o modo de preparo até 20 minutos de cozimento da costelinha na pressão. Retire a panela do fogo, retire a pressão e acrescente dois litros de água e a canjiquinha. Tampe e, depois que pegar pressão, cozinhe por mais 20 minutos. Ajuste o sal e finalize com a salsinha e a cebolinha.

PARÁ
ARROZ DE PATO NO TUCUPI COM JAMBU
Casa Valduga Espumante Arte Brut Rosé 2021

Por Saulo Jennings

Ingredientes

Para a marinada

- 250 ml de vinho branco seco
- 45 g de alho picado
- 1 pimenta-de-cheiro
- Sal a gosto
- Água q.b.

Para o arroz de pato

- 2 kg de pato
- 75 g de cebola picada
- 20 g de alho picado
- 50 ml de azeite

- 2 litros de tucupi amarelo temperado com chicória
- 300 g de jambu branqueado
- 1 maço de cebolinha
- ½ maço de coentro
- ½ maço de salsinha
- 1 maço de chicória
- 5 g de páprica doce
- Pimenta-do-reino a gosto
- Sal a gosto
- 250 g de arroz pré-cozido al dente
- 50 ml de banha de pato

Preparo

1. Limpe bem o pato, corte em pedaços e deixe marinando de um dia para o outro.
2. Leve para assar em forno médio por aproximadamente 90 minutos.
3. Quando esfriar, desfie o pato com cuidado para que não fiquem ossos e peles.
4. Refogue metade da cebola e do alho no azeite até que fiquem dourados.
5. Adicione o pato e deixe refogar até que fique grudando no fundo da panela, sem queimar.

6. Acrescente o tucupi aos poucos para deglaçar.
7. Adicione o restante da cebola, metade do jambu e metade das ervas aromáticas.
8. Junte o arroz e misture bem.
9. Adicione o restante do jambu, o tucupi e as ervas aromáticas.
10. Sirva em cuias, preferencialmente, ou reserve a coxa e a sobrecoxa inteiras e disponha sobre o arroz em um prato de serviço.

Rendimento: 6 porções

PARAÍBA

RUBACÃO OXE

Guatambu Rastros do Pampa Pinot Noir 2022

Por Janaína Rueda

Ingredientes

- ½ kg de feijão-verde cozido na água e sal
- 1 xícara (chá) de arroz branco agulhinha cozido em água e sal, al dente
- 190 ml de leite fresco
- 1 linguiça calabresa picada
- 150 g de carne de sol picada
- 2 colheres (sopa) de manteiga artesanal
- 1 cebola pequena picada
- 4 dentes de alho picados
- 1 tomate picado
- ½ pimentão picado
- 200 g de nata

- 150 g de queijo de coalho cortado em cubos
- Salsinha a gosto picada
- Coentro a gosto picado
- 1 colher (sopa) de queijo meia-cura ralado

Preparo

1. Com o feijão e o arroz prontos, coloque o leite fresco para cozinhar em fogo brando para evaporar o líquido e engrossar. Reserve.
2. Refogue a linguiça e a carne de sol na manteiga. Acrescente a cebola e o alho. Em seguida, coloque o tomate e o pimentão e refogue por mais 1 minuto.
3. Misture o refogado com o arroz e o feijão. Junte o leite e deixe apurar por 3 minutos.
4. Acrescente o queijo de coalho para derreter. Adicione a nata.
5. Finalize com a salsinha, o coentro e, por último, o queijo meia-cura ralado.

Rendimento: 4 porções

PARANÁ

QUIRERA COM CRACÓVIA

Vinhos da Rua do Urtigão Aos Pés de Sophia 2021

Por Manu Bufarra

Ingredientes

- 500 g de quirera de milho fina
- 130 ml de azeite de oliva extravirgem
- 100 g de cebola picada
- 80 g de cenoura picada
- 50 g de salsão picado
- 50 g de alho-poró picado
- 75 ml de vinho branco seco
- 1,3 litro de caldo de legumes (*ver* receita em "Caldos básicos")
- Sal a gosto
- Pimenta-do-reino a gosto
- 150 g de manteiga gelada
- 200 g de cogumelos-de-paris cortados em fatias finas

- Tomilho a gosto
- 500 ml de caldo de carne (ver receita em "Caldos básicos")
- 350 g de cracóvia fatiada finamente
- 1 maço de cebolinha francesa picada

Preparo

1. Lave a quirera em água fria e deixe de molho por 2 horas.
2. Refogue no azeite a cebola, a cenoura, o salsão e o alho-poró. Junte a quirera escorrida e refogue bem.
3. Adicione o vinho branco. Misture e deixe secar por completo, sempre mexendo bem.
4. Cubra a quirera com o caldo de legumes e cozinhe em fogo baixo, mexendo com cuidado para que não grude na panela. Continue acrescentando o caldo de legumes aos poucos até cozinhar a quirera.
5. Adicione sal e pimenta-do-reino, se necessário.
6. Coloque 1 colher (chá) da manteiga gelada e misture para dissolver bem. Mantenha a panela aquecida.
7. Em outra panela, refogue os cogumelos no restante da manteiga e junte o tomilho e o caldo de carne. Acerte o sal e a pimenta-do-reino, se necessário.
8. Desidrate as fatias de cracóvia colocando-as entre folhas de papel-toalha e levando-as de minuto a minuto ao forno micro-ondas até ficarem crocantes.

9. Finalize a quirera com a cebolinha francesa.
10. Transfira para uma travessa aquecida. Coloque as fatias de cracóvia e regue com o molho de cogumelos. Sirva a seguir.

Rendimento: 10 porções

PERNAMBUCO

 ATOLADO DE BODE

🍷 Casa Perini Crudo Nero di Bianca 2019

Por Rodrigo Oliveira

Ingredientes

Para o atolado de bode

- ½ cabrito cortado em pedaços pequenos (aproximadamente 3,5 kg)
- Sal a gosto
- 50 ml de cachaça
- 80 ml de vinagre de maçã
- 50 ml de azeite
- 5 tomates
- 2 cebolas
- 1 pimentão
- 1 pimenta-dedo-de-moça
- 50 g de alho
- 100 g extrato de tomate
- 5g de sementes de coentro

- 5 g de cominho
- 100 g de colorau
- 2 litros de caldo de carne (*ver* receita em "Caldos básicos")
- 3 folhas de louro
- 100 g de gelatina de bacon

Para a gelatina de bacon
- ½ kg de couro de bacon
- 500 ml de água filtrada

Para a montagem
- Mandioca cozida a gosto
- Tomate-cereja a gosto
- Cebola-pérola a gosto
- Coentro a gosto

Preparo

Atolado de bode

1. Tempere o cabrito com sal, cachaça, vinagre e um pouco do azeite. Deixe descansar por pelo menos 2 horas na geladeira.
2. Em uma panela de fundo grosso, doure a carne aos poucos, uniformemente, e reserve.
3. Processe os tomates, as cebolas, o pimentão, a pimenta, o alho, o extrato de tomate e as especiarias com o caldo de carne e coe em uma peneira fina. Use esse molho para

deglaçar a panela e, nela mesma, cozinhe todo o cabrito, pois é esse fundo de panela que vai enriquecer o cozido.

4. Acrescente as folhas de louro, a gelatina de bacon e uma pitada de sal.

5. Cozinhe por aproximadamente 1 hora, até a carne ficar macia, quase soltando dos ossos. Quando estiver nesse ponto, acerte os temperos a seu gosto.

Gelatina de bacon

1. Retire o máximo de gordura que conseguir da pele do bacon e corte-a em pedaços grandes. Cubra com a água e cozinhe na panela de pressão por 30 minutos após o começo do chiado. Desligue o fogo e deixe perder a pressão naturalmente, por pelo menos mais 30 minutos.

2. Processe a pele ainda quente com o líquido do cozimento, até obter um creme liso e homogêneo. Passe por uma peneira e reserve na geladeira para uso posterior.

Montagem

1. Para servir, monte uma travessa com mandioca cozida e por cima arrume o cabrito e o molho. Decore com tomates-cereja, cebolas-pérola e coentro.

Rendimento: 10 porções

Nota do chef: Um dos pratos mais famosos do Brasil, o atolado de bode é na verdade um atolado de cabrito. O animal é o mesmo, o que muda é a idade. Escolhi chamá-lo de bode para provocar os clientes, que invariavelmente associam esse nome a um único prato, a mítica buchada de bode.

PIAUÍ

TORTA DE CARANGUEJO

Abreu Garcia GEO Vermentino 2020

Por Fábio Vieira

Ingredientes

Para a torta de caranguejo

- 2 colheres (sopa) de óleo de babaçu torrado
- 3 dentes de alho picados
- 1 cebola pequena picada
- 2 folhas de louro
- 1 pimenta-de-cheiro picada
- ½ pimenta-dedo-de-moça sem sementes picada
- 1 colher (chá) de colorau
- 500 g de carne de caranguejo
- 2 tomates sem pele e sem semente picados
- Suco de 1 limão
- Sal a gosto
- Cheiro-verde picado a gosto

- 4 ovos
- 50 ml de creme de leite fresco
- 1 colher (sopa) de amido de milho
- Manteiga para untar

Para a decoração
- Tomate em rodelas a gosto
- Pimenta-de-cheiro a gosto
- Salsinha picada a gosto

Preparo

1. Coloque em uma frigideira o óleo de babaçu, aqueça-o e refogue o alho e a cebola.
2. Acrescente as folhas de louro, as pimentas e o colorau, refogue mais um pouco e adicione o caranguejo.
3. Em seguida, adicione os tomates e deixe incorporar.
4. Coloque o suco do limão, acerte o sal e finalize com o cheiro-verde. Reserve.
5. Bata os ovos em uma batedeira até que comecem a ficar aerados.
6. Acrescente o creme de leite e o amido e continue batendo até que a mistura fique cremosa e aerada.

7. Unte bem um recipiente, preferencialmente de barro, alumínio ou pedra, despeje o refogado de caranguejo e por cima a mistura dos ovos.

8. Com auxílio de um garfo, misture levemente, trazendo do fundo a mistura sem que perca a textura.

9. Decore com o tomate, a pimenta-de-cheiro e a salsinha. Leve ao forno preaquecido a 180 °C para assar.

Rendimento: 4 porções

RIO DE JANEIRO

VIEIRAS GRELHADAS SOBRE PURÊ DE BAROA COM COCO E SALSA TROPICAL

Cristofoli Instinto Chardonnay 2020

Por Flávia Quaresma

Ingredientes

Para as vieiras

- 12 vieiras frescas grandes
- Sal a gosto
- Pimenta-do-reino branca moída na hora a gosto
- 30 ml de azeite

Para o purê

- 300 g de batata-baroa descascada e cortada em cubos
- 90 ml de leite de coco
- Sal a gosto
- Pimenta-do-reino branca moída na hora a gosto

Para a salsa tropical

- 250 g de polpa de maracujá fresco
- 80 g de azeite
- Sal a gosto
- 100 g de cebola-roxa picada
- 15 g de pimenta-dedo-de-moça sem semente, picada
- 50 g de manga cortada em cubinhos
- 10 g de salsinha picada

Para a telha rendada

- 80 g de água
- 30 g de óleo
- 10 g de farinha de trigo
- Uma pitada de sal

Para a montagem

- Brotos
- Flores comestíveis

Preparo

Vieiras

1. Tempere as vieiras com sal e pimenta-do-reino branca.
2. Aqueça uma frigideira antiaderente com azeite e grelhe rapidamente as vieiras dos dois lados. Elas devem ficar douradas. Reserve.

Purê

3. Cozinhe a batata-baroa em uma panela com água e um pouco de sal.

4. Processe a batata-baroa cozida com o leite de coco e tempere com sal e pimenta-do-reino branca.

5. Reserve o purê cobrindo a superfície com um pouco de manteiga ou filme plástico, aderindo bem, para não deixar formar casquinha.

Salsa tropical

1. Leve a polpa do maracujá ao fogo para cozinhar, em uma panela, até que as sementes se desprendam da polpa.

2. Peneire a polpa, descarte as sementes e deixe esfriar.

3. Em um recipiente, e com o auxílio de um fouet, misture a polpa com o azeite e tempere com sal.

4. Adicione a cebola-roxa e a pimenta, mexendo com uma colher.

5. Por último, acrescente a manga e a salsinha, mexendo delicadamente.

Telha rendada

1. Em um recipiente, misture os ingredientes mexendo bem com um fouet. Transfira essa mistura para uma garrafinha plástica multiuso.

2. Leve uma frigideira pequena antiaderente ao fogo médio. Quando estiver aquecida, despeje um pouco da mistura no centro da frigideira. Deixe ferver e evaporar a água. A telha estará pronta quando estiver rígida.

3. Com uma espátula de silicone, retire a telha e coloque sobre papel-toalha. Repita a operação até a mistura acabar, sempre intercalando as telhas com papel-toalha.

Montagem

1. Com uma colher de sopa, coloque o purê em uma das extremidades do prato.

2. Com o auxílio de uma colher de sopa, puxe o purê formando uma gota.

3. Disponha as vieiras no traço da gota de baroa. Quebre as telhas e distribua entre as vieiras, juntamente com os brotos.

4. Coloque a salsa tropical ao lado do purê.

5. Finalize com as pétalas de flores.

Rendimento: 4 porções

RIO GRANDE DO NORTE
ARROZ DE CANGACEIRO QUE VAI À PRAIA
Terranova Reserve Verdejo 2020

Por Rodrigo Levino e Adriana Lucena

Ingredientes

Para a copa lombo de sol
- 250 g de copa lombo fresca
- Sal a gosto
- Pimenta-do-reino moída na hora a gosto

Para caldo de legumes
- 8 grãos de pimenta-do-reino
- 4 cravos-da-índia
- 2 cenouras fatiadas
- 1 cebola-roxa grande fatiada
- Talos de coentro
- 2 litros de água
- 4 folhas de louro

Para o arroz

- 200 ml de manteiga da terra (manteiga de garrafa)
- 1 cebola grande ralada
- 5 dentes de alho finamente picados
- 50 ml de cachaça
- 500 g de arroz da terra (arroz-vermelho)
- Sal q.b.
- 300 g de filé de camarão
- 50 ml de sumo de limão
- 100 g de coco ralado fresco
- Pimenta-do-reino q.b.
- 1 maço de coentro picado

Preparo

Porco de sol

1. Corte a copa lombo em cubos de 2 cm ou 3 cm.
2. Encoste levemente a palma da mão em uma vasilha com sal e esfregue suavemente na superfície da carne. Atenção: pouco sal e movimentos suaves.
3. Disponha os cubos de copa lombo separados entre si em um refratário e cubra com plástico-filme, deixando na geladeira por, no mínimo, 8 horas.
4. Antes de juntar ao arroz, moa a pimenta-do-reino sobre a copa lombo.

5. Macere os grãos de pimenta-do-reino e os cravos-da-índia grosseiramente.

6. Em uma panela com água, acrescente todos os ingredientes e leve ao fogo até ferver. Baixe o fogo e deixe cozinhar por 30 minutos.

7. Coe e reserve.

Arroz

1. Mantenha o caldo de legumes quente.

2. Em uma panela, aqueça 100 ml de manteiga da terra, acrescente e doure a cebola e o alho.

3. Escorra bem a copa lombo e refogue junto. Use a cachaça para flambar, doure e reserve.

4. Na mesma panela, acrescente 50 ml de manteiga e o arroz. Lembre-se de colocar um pouco de sal.

5. Inicie o processo de cozimento como se fosse um risoto, colocando concha a concha o caldo de legumes. No ponto al dente do grão, retorne o porco e acrescente os camarões. Mexa bem.

6. Acrescente um pouco mais de caldo e corrija o sal. Conte 3 minutos e desligue.

7. Finalize com o restante de manteiga da terra, o suco de limão, o coco, a pimenta-do-reino e o coentro. Mantenha tampado por 4 minutos. Sirva a seguir.

Rendimento: 4 porções

RIO GRANDE DO SUL

ARROZ CALDOSO DE COSTELA

Quinta Don Bonifácio Habitat Refosco Lote 1 2018

Por Marcos Livi

Ingredientes

Para o arroz de costela

- 2 colheres (sopa) de óleo
- ½ cebola cortada em cubos
- 2 dentes de alho
- 2 tomates grandes sem sementes cortados em cubos
- 1,8 kg de costelão assado e desfiado (separe 4 ripas para finalizar)
- 200 g de arroz
- 4 folhas de louro
- 600 ml de água fervente
- 50 ml de molho de tomate
- 50 g de abóbora-moranga picada em cubos pequenos

Para a finalização

- 4 ripas assadas de costelão
- 4 ovos fritos
- 1 colher (sopa) de salsinha picada
- Pimenta-do-reino moída na hora a gosto
- 1 ripa de costela assada

Preparo

1. Em uma panela grande, aqueça o óleo, adicione a cebola e refogue por 2 minutos, mexendo sempre, até ficar transparente.
2. Acrescente o alho e os tomates e misture mais 1 minuto.
3. Junte o costelão desfiado, o arroz e as folhas de louro. Mexa por cerca de 1 minuto.
4. Antes de começar a grudar no fundo da panela, acrescente a água fervente, o molho de tomate, a abóbora-moranga e mexa. Misture bem, raspando o fundo com a colher de pau e tampe parcialmente a panela.
5. Deixe cozinhar até que o arroz absorva toda a água, por cerca de 10 minutos. Desligue o fogo e mantenha a panela tampada por 5 minutos para que termine de cozinhar no próprio vapor.
6. Sirva cada porção com um ovo estrelado, salsinha picada e pimenta-do-reino moída na hora a gosto. Finalize com uma ripa de costela assada.

Rendimento: 4 porções

RONDÔNIA

PIRARUCU NA MANTEIGA DE MEL E LIMÃO COM ARROZ PIAGUI NO TUCUPI

Valmarino Nature Sur Lie Branco 2018

Por Diogo Sabião

Ingredientes

Para o pirarucu

- 500 g de lombo de pirarucu
- Manteiga q.b., para fritar
- 1 limão
- 2 colheres (sopa) de mel
- Sal q.b.

Para o arroz

- 1 xícara (chá) de arroz piagui (vermelho)
- Água fervente q.b.
- 2 dentes de alho picado
- Pimenta dedo-de-moça a gosto

- 2 cebolas-roxas picadas
- Tomilho a gosto
- Sálvia a gosto
- 2 colheres (sopa) de manteiga
- 100 ml de vinho branco
- Sal a gosto
- 5 xícaras (chá) de tucupi

Preparo

Pirarucu

1. Doure os lombos de pirarucu na manteiga e deglace com limão. Adicione o mel e corrija o sal. Reserve.

Arroz

1. Cozinhe o arroz em água fervente por 30 minutos e reserve.
2. Doure o alho, a pimenta, as cebolas e as ervas na manteiga, acrescente o arroz cozido e continue dourando.
3. Deglace o arroz com vinho branco e espere evaporar o álcool.
4. Corrija o sal, adicione o tucupi e cozinhe por mais 10 minutos.

Rendimento: 4 porções

RORAIMA
ARROZ COM COGUMELOS YANOMAMI E TUCUPI PRETO
Tenuta Foppa & Ambrosi White River (rotulagem Casa Freitas) 2021

Por Denise Rohnelt de Araujo

Ingredientes

- 60 g de cogumelos yanomami sanöma desidratados
- 100 g de cebola picada
- 50 g de alho-poró cortado em rodelas
- 50 g de cenoura cortada em cubinhos
- 2 colheres (sopa) de azeite
- 400 g de arroz parboilizado
- 1 litro de água quente ou caldo quente de cogumelos
- 2 colheres (sopa) de cogumelos yanomami sanöma em pó
- 1 maço de cebolinha e coentro picado
- 2 colheres (sopa) de tucupi negro
- Sal a gosto

Preparo

1. Deixe os cogumelos desidratados de molho na água fria por 3 horas na geladeira.

2. Em uma panela, refogue a cebola, o alho-poró e a cenoura no azeite até dourar.

3. Adicione os cogumelos ao refogado e cozinhe um pouco.

4. Em seguida, coloque o arroz e misture bem. Acrescente a água quente, o pó do cogumelo e o sal. Mexa, tampe a panela e cozinhe por 15 minutos.

5. Destampe a panela e deixe secar a água. Quando estiver quase pronto, adicione a cebolinha e o coentro picados e o tucupi negro.

6. Ajuste o sal e coloque um fio de azeite para dar brilho.

7. Sirva em cuias.

Rendimento: 4 porções

SANTA CATARINA

SALTIMBOCCA ALLA SANTA CATARINA – UM CLÁSSICO REVISITADO COM TRÊS MANDIOCAS

Leone di Venezia Oro Vecchio 2019

Por André Vasconcelos

Ingredientes

Para a saltimbocca

- 12 escalopes de filé-mignon suíno (70 g cada um)
- Pimenta-do-reino branca moída a gosto
- 100 g de farinha de trigo
- 12 fatias de presunto cru (8 g cada uma)
- 12 folhas de sálvia
- 100 g de manteiga clarificada
- 120 ml de vinho branco
- 20 g de manteiga gelada

Para o caldo de porco e mexilhões

- Ossos suínos com muita cartilagem
- 1 cenoura
- 2 talos de salsão
- 2 talos de funcho
- 1 cebola grande
- 1 colher (sopa) de banha de porco
- 5 folhas de louro
- 200 ml de vinho branco
- 2 kg de mexilhões limpos
- 1 maço de ervas frescas
- 1 pedaço de alga kombu (10 cm x 10 cm)
- 2 litros de água

Para o pirão de farinha de Santa Catarina e mexilhões

- 2 cebolas
- ½ xícara (chá) de azeite
- 4 dentes de alho amassados
- 2 pimentas-malaguetas sem sementes e picadas
- Mariscos cozidos tirados da casca, sendo 8 grandes na casca para decorar
- 2 tomates

- 600 ml de caldo de porco e mexilhões
- 150 g de farinha de mandioca extrafina de Santa Catarina
- 1 colher (sopa) de alfavaca picada
- 1 colher (sopa) de salsinha picada
- 1 colher (sopa) de cebolinha fina picada
- 1 limão limão-cravo

Para as mandiocas
- 1 kg de mandioca amarela descascada
- Sal a gosto
- Óleo para fritar
- 50 g de manteiga clarificada para dourar

Para a montagem
- Flor de sal (da Joaquina de preferência)
- 8 mariscos com casca
- Flores e folhas de capuchinha

Preparo

Saltimbocca

1. Fatie os escalopes o mais fino possível, com cuidado para não perfurar a carne. Tempere com a pimenta-do-reino branca moída e passe na farinha de trigo.
2. Em cima de cada escalope, coloque uma fatia de presunto cru e uma folha de sálvia e prenda com um palito de dente.

3. Leve uma frigideira de fundo grosso ao fogo alto. Quando aquecer, coloque a manteiga clarificada e doure cada escalope, do lado da sálvia e do presunto cru, por 3 minutos. Vire os escalopes e deixe dourar mais 1 minuto.
4. Transfira os escalopes para um prato e mantenha aquecido.
5. Na frigideira, adicione o vinho naquele fundo da fritura e deixe reduzir em fogo forte.
6. Desligue e emulsione com a manteiga gelada. Deve render 4 colheres de sopa. Reserve.

Caldo

1. Coloque os ossos no forno até ficarem dourados.
2. Corte os legumes em pedaços grandes e doure na banha de porco.
3. Acrescente os ossos, o louro e continue dourando.
4. Adicione o vinho e deixe evaporar. Junte os mexilhões e abafe. Depois de 5 minutos, retire os mexilhões e reserve.
5. Coloque as ervas e a alga, cubra com a água e deixe ferver com a panela tampada por 30 minutos, em fogo baixo.
6. Peneire o caldo e volte ao fogo para reduzir à metade (600 ml). Reserve.

Pirão de farinha de Santa Catarina e mexilhões

1. Em uma panela de fundo grosso, refogue a cebola no azeite. Acrescente o alho e as pimentas e continue refogando.

2. Coloque os mexilhões e, por fim, os tomates. Continue cozinhando e acrescente o caldo fervente o quanto baste, mexendo sempre.

3. Adicione a farinha lentamente como uma chuva de poeira e deixe engrossar. Tempere com as ervas picadas e o suco de limão. Acerte o sal.

Mandiocas

Chips

1. Fatie a mandioca, no sentido da fibra, em 2 fatias grandes (300 g cada). Com cuidado, retire a fibra central. Coloque em água com sal e leve à geladeira por 2 horas.

2. Escorra a mandioca, seque bem, coloque-a sobre um tecido seco e leve à geladeira novamente.

3. Em uma frigideira, aqueça o óleo a 180 °C e frite a mandioca ainda gelada. Assim ela ficará enrolada, dando mais altura à montagem do prato.

Na manteiga

1. Cozinhe as mandiocas em água salgada até ficarem bem macias.

2. Retire a fibra central e corte a mandioca em quatro retângulos.

3. Em uma frigideira de fundo grosso, doure a mandioca na manteiga até ficar com uma crosta crocante.

Montagem

1. Coloque a mandioca dourada na manteiga na lateral do prato e, sobre ela, três escalopes regados com o molho.

2. Salpique a flor de sal a gosto. Espalhe o pirão no resto do prato.

3. Decore com os mariscos, os chips de mandioca e as flores e folhas de capuchinha.

Rendimento: 4 porções

SÃO PAULO

BOCHECHA DE PORCO COM POLENTA DE PECORINO E NOSSA BRASILEIRÍSSIMA SAPUCAY
Thera Malbec 2018

Por Eugenio Mariotto

Ingredientes

Para a bochecha de porco

- 600 g de bochecha de porco cortada em pedaços pequenos
- Sal a gosto
- Pimenta-do-reino branca a gosto
- Farinha de trigo q.b.
- 1 talo de salsão picado finamente
- 1 cenoura pequena picada finamente
- 1 cebola-roxa picada finamente
- 2 dentes de alho picados finamente
- Azeite q.b.
- 30 g de extrato de tomate

- 300 ml de vinho tinto
- 2 ramos de alecrim
- 3 folhas de louro
- Caldo de legumes

Para a polenta
- 2 litros de água
- Sal a gosto
- 300 g de fubá
- 175 g de queijo tipo pecorino ralado

Para a montagem
- Lascas de trufa Sapucay

Preparo

Bochecha de porco

1. Remova o excesso de gordura da bochecha de porco.
2. Tempere a carne com o sal e a pimenta-do-reino branca.
3. Polvilhe uniformemente a carne com farinha de trigo.
4. Em uma panela de fundo grosso, refogue os legumes e o alho no azeite.
5. Coloque as bochechas e doure bem.
6. Acrescente o extrato de tomate e mexa bem.
7. Use o vinho tinto para deglaçar a panela.

8. Distribua as folhas de alecrim e do louro sobre a carne.
9. Tampe a panela e deixe cozinhar por cerca de 90 minutos.
10. Regue a carne com o molho, de vez em quando. Adicione, se necessário, algumas colheres do caldo de legumes.
11. Quando a carne estiver macia, verifique os temperos.

Polenta
1. Em uma panela de fundo grosso, ferva a água e adicione o sal.
2. Adicione o fubá aos poucos, mexendo sempre com o auxílio de um fouet para não empelotar.
3. Cozinhe a polenta em fogo baixo por cerca de 45 minutos, mexendo sempre com uma colher de pau.
4. Quando a polenta estiver bem cremosa, soltando da panela, acrescente o pecorino ralado e mexa vigorosamente.
5. Adicione um pouco de azeite, mexendo para incorporar.

Montagem

1. Coloque a polenta na lateral do prato e, ao lado, as bochechas de porco regadas com o molho que se formou na panela.
2. Finalize raspando lascas de trufa Sapucay sobre a polenta.

Rendimento: 4 porções

SERGIPE

RABANADA DO SERTÃO

Espumante Terranova Miolo Moscatel

Por Lisiane Arouca

Ingredientes

Para a umbuzada

- 400 g de umbu ou 200 g de polpa de umbu
- Água q.b.
- 150 ml de leite condensado
- 50 ml de leite de licuri
- 100 ml de creme de leite
- 90 ml de leite
- 50 g de leite em pó

Para o bolo de tangerina

- 180 g de açúcar
- 120 g de manteiga
- 2 ovos

- 210 g de farinha de trigo
- 100 ml de suco de tangerina
- Raspas de tangerina
- 1 colher (sopa) de fermento em pó

Para a calda de umbu
- 10 g de polpa de umbu
- 60 g de açúcar

Para a farofa de licuri
- 100 g de farinha panko
- 50 g de açúcar cristal
- 50 g de licuri tostado e picado

Para a montagem
- Farinha de trigo
- Ovos batidos
- Farinha panko
- Óleo quente para fritar
- Geleia de umbu
- 1 bola de sorvete de coco ou tapioca
- Calda de umbu
- Farofa de licuri

Preparo

Umbuzada

1. Em uma panela, coloque o umbu, cubra com água e deixe ferver até que mude de cor e sua casca comece a soltar.
2. Retire do fogo e peneire o umbu para retirar a polpa da casca e do caroço.
3. Bata a polpa e os demais ingredientes no liquidificador e reserve na geladeira.

Bolo de tangerina

1. Em uma batedeira, coloque o açúcar e a manteiga e bata até que a mistura se torne clara.
2. Acrescente os ovos um a um e bata um pouco mais até ficar obter um creme fofo.
3. Desligue a batedeira e acrescente a farinha de trigo e o suco de tangerina. Por último, coloque as raspas de tangerina e o fermento.
4. Despeje a mistura em uma forma untada e esfarinhada e leve ao forno preaquecido a 180 °C, por aproximadamente 25 minutos.

Calda de umbu

1. Em uma panela, leve a polpa de umbu e o açúcar ao fogo até engrossar.

Farofa de licuri

1. Leve ao forno em assadeira a farinha panko e deixe dourar. Reserve.
2. Em uma panela, coloque o açúcar cristal e leve ao fogo até caramelizar.
3. Adicione o licuri tostado e misture rapidamente.
4. Coloque sobre um tapete de silicone e espalhe bem.
5. Deixe esfriar, bata no multiprocessador e adicione a farinha panko. Reserve.

Montagem

1. Corte 20 porções do bolo com o auxílio de um aro redondo ou quadrado.
2. Molhe na calda de umbu, passe na farinha de trigo, nos ovos batidos e por último, na farinha panko. Frite em óleo quente.
3. Corte o bolo no meio e recheie com a geleia de umbu.
4. Em um prato fundo, disponha em camadas a umbuzada, o bolo frito, a bola de sorvete, um pouco da calda de umbu e, por último, a farofa de licuri caramelizado.

Rendimento: 20 porções

TOCANTINS
 TORTA AMOR DE MANGABA
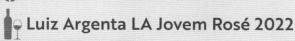 Luiz Argenta LA Jovem Rosé 2022

Por Luana de Sousa Oliveira

Ingredientes

Para o biscoito amor perfeito

- 2 kg de polvilho doce
- 800 g açúcar refinado
- 250 g de manteiga
- ½ litro leite de coco
- Sal a gosto

Para a massa

- 250 g de biscoito amor perfeito
- 100 g de manteiga

Para o recheio

- 100 ml de leite condensado
- 100 ml de creme de leite
- 200 g de polpa de mangaba

Para a cobertura
- 100 g de castanha-de-baru torrada ligeiramente.

Preparo

Biscoito amor perfeito

1. Misture os ingredientes secos aos poucos.
2. Adicione a manteiga e, por último, o leite de coco.
3. Leve a massa ao forno aquecido a 220 °C para assar, por 15 minutos ou até que dourem.

Massa

1. Triture os biscoitos amor perfeito no processador, disponha o conteúdo em uma tigela e acrescente a manteiga. Misture até obter uma massa homogênea.
2. Em fôrma de torta de fundo removível, despeje a massa e leve ao forno preaquecido a 180 °C por cerca de 10 minutos.

Recheio

1. Bata todos ingredientes no liquidificador e reserve.

Cobertura

1. Triture a castanha-de-baru até obter uma farinha fina.

Montagem

1. Retire a massa do forno, desenforme e despeje o creme de mangaba por cima. Leve ao congelador até que o recheio esteja firme.

2. Desenforme a torta e polvilhe com a castanha-de-baru.

Rendimento: 4 porções

CALDOS BÁSICOS
CALDO DE CARNE

Ingredientes

- 3,5 kg de ossos de boi
- 4 litros de água
- 4 cebolas picadas
- 2 cenouras picadas
- 6 talos de salsão picados
- ½ maço de salsinha
- ½ maço de tomilho
- 2 folhas de louro
- 1 colher (chá) de pimenta-do-reino em grãos
- 1 cabeça de alho

Preparo

1. Lave bem os ossos, coloque em uma panela grande, cubra com água e leve ao fogo.
2. Deixe ferver, diminua a chama e cozinhe por 6 horas.
3. Retire as impurezas com uma concha.
4. Adicione os demais ingredientes e cozinhe por mais 1 hora.
5. Deixe esfriar, peneire o caldo e descarte os ingredientes.

Rendimento: 3 litros

CALDO DE FRANGO

Ingredientes

- 3,5 kg de carcaça de frango
- 5,5 litros de água
- 4 cebolas picadas
- 2 cenouras picadas
- 6 talos de salsão picados
- ½ maço de salsinha
- ½ maço de tomilho
- 2 folhas de louro
- 1 colher (chá) de pimenta-do-reino em grãos
- 1 cabeça de alho

Preparo

1. Lave bem as carcaças, coloque em uma panela grande, cubra com água e leve ao fogo.
2. Deixe ferver, diminua a chama e cozinhe por 4 horas.
3. Retire as impurezas com uma concha.
4. Adicione os demais ingredientes e cozinhe por mais 1 hora.
5. Deixe esfriar, peneire o caldo e descarte os ingredientes.

Rendimento: 3 litros

CALDO DE LEGUMES

Ingredientes

- 4 cebolas picadas
- 4 talos de salsão picados
- 7 talos de alho-poró picado
- 1 cenoura picada
- 1 cabeça de alho
- 5 grãos de pimenta-do-reino preta
- 2 folhas de louro
- 50 g de salsinha
- 40 g de tomilho
- 4 litros de água

Preparo

1. Coloque todos os ingredientes em uma panela grande, cubra com água e leve ao fogo.
2. Deixe ferver, diminua a chama e cozinhe por cerca de 40 minutos.
3. Deixe esfriar, peneire o caldo e descarte os ingredientes sólidos.

Rendimento: 3 litros

"Não **COZINHE** com um **VINHO** que você **NÃO BEBERIA**"

BONS E BREVES ESCLARECIMENTOS

Vinho é como malandro: gosta de sombra e água fresca. O ideal é um lugar fresco, entre 14 °C e 18 °C. Tem fobia de luz, a qual pode afetar seus aromas e até mesmo sua cor, deixando o vinho branco amarelado e o tinto da cor de tijolo. Os raios ultravioletas penetram até mesmo nas garrafas escuras. É hipersensível às mudanças bruscas de temperatura, não suporta odores fortes – que podem impregnar a parte externa da garrafa e da rolha – e detesta ficar em pé, porque a rolha resseca, perde a elasticidade e possibilita mais espaços entre o ar e a bebida, levando à oxidação precoce. Também não tolera barulho, não gosta de umidade – em demasia, promove a proliferação de fungos, mas a falta dela acelera o ressecamento das rolhas – e odeia ficar pra lá e pra cá. Lembre-se disso na hora de guardá-lo.

Quanto à sua eterna companheira, a taça, deve ter haste alongada e fina para evitar o contato das mãos com o corpo da taça, impedindo a transferência de calor do corpo humano para a bebida; deve ter o bojo ovalado, o que ajuda a concentrar os aromas do vinho; deve ser de cristal ou vidro fino, totalmente incolor, transparente e lisa; e jamais deve ter mais que um terço de sua capacidade preenchida. Para limpá-la, deve-se usar detergente neutro e água quente, deixando em seguida em um escorredor por pouco tempo e secando-a com um paninho macio ou um papel-toalha. Os italianos têm um jeito muito próprio de limpar suas taças: derramam uma pequena quantidade de vinho na taça, fazem dois, três giros, as esvaziam e fim! A taça está prontinha para ser usada novamente.

Já quanto à taça de champanhe, a tulipa, de base ovalada e abertura estreita, é o tipo mais indicado. "Ela é suficientemente estreita na base para poder ter uma boa coluna de líquido e poder observar o caminho das borbulhas, suficientemente larga no corpo para deixar o vinho respirar e desenvolver toda a sua complexidade, e ligeiramente fechada na boca para concentrar os aromas enquanto se permite colocar o nariz dentro do copo ao beber", explica Benoît Gouez, chef de cave da Moët & Chandon.[*1] Na taça *flûte*, ocorre o chamado "efeito chaminé": a falta de espaço comprime o gás carbônico e faz aumentar a sua velocidade vertical em direção à boca da taça. Dessa maneira, o gás se volatiza antes que seja possível apreciar todos os aromas da bebida. Na ausência de uma tulipa, para os espumantes a melhor opção é usar uma taça de vinho branco. Ao servir, a temperatura correta deve estar entre 8 °C e 10 °C. Deve-se colocar inicialmente uma pequena quantidade da bebida na taça, para resfriar o fundo. Em seguida, completar até dois terços do volume da taça.

Regra de ouro no serviço de vinhos: os mais jovens antes dos mais envelhecidos; os mais leves antes dos mais potentes; os refrescados antes dos servidos à temperatura ambiente; e os secos antes dos doces. Vinhos brancos e rosés

* http://revistaadega.uol.com.br/artigo/tulipa-e-taca-ideal-para-espumantes-10179.html

Bons e breves esclarecimentos

devem ser servidos mais frescos, ao passo que os tintos, em temperatura abaixo da ambiente – essa história de temperatura ambiente só funciona em países europeus, onde a temperatura média é consideravelmente mais baixa do que a nossa –, e nunca, jamais, gelados.

Fique atento: vinho aberto na garrafa tem duração limitada. Bem arrolhados e colocados na geladeira, os tintos resistem de dois a três dias, mas raramente a mais que uma semana. Brancos, 24 horas, e os espumantes, algumas horas apenas. Se sobrar vinho, deve-se transferi-lo para uma garrafa menor e levar à geladeira – o frio ajuda muito na conservação. Com menos espaço disponível, haverá menos oxigênio em contato com a bebida e, consequentemente, menos chances de estragá-la. Porém, se acontecer de o vinho azedar ou avinagrar, ele ainda pode ser usado para cozinhar.

Às vezes ocorre de a rolha se partir ao abrirmos uma garrafa, ficando parte dela no saca-rolhas. Se isso acontecer, não se preocupe. Tente usar novamente o saca-rolhas. Não deu certo? Empurre a rolha para dentro da garrafa. A não ser que ela esteja embolorada, isso não comprometerá o vinho. Ecológica e biodegradável, grande amiga do vinho, a rolha de cortiça, com sua altíssima capacidade vedante, isola completamente a bebida do oxigênio externo, de modo que o vinho fique em contato somente com o oxigênio suficiente para que ocorram as reações químicas que o ajudam a evoluir. São fundamentais para vinhos de longa guarda, aqueles com mais de 20 anos. Mas tenha em mente que as tampas de rosca (*screw cap*) também cumprem seu papel. Elas apresentam algumas vantagens: facilidade para abrir e fechar a garrafa; garantia de fechamento hermético, o que prova uma excelente conservação do aroma e do sabor do vinho, bloqueando a evolução oxidativa; redução da chance de contaminação ou de deterioração da bebida; possibilidade de armazenar as garrafas em pé, na vertical.

Da mesma forma que vinho bom não é necessariamente um vinho caro, aquele com pontuações altas também não é, necessariamente, um vinho bom. Críticos são pessoas, logo têm humores. Gosto é sempre uma questão pessoal. A avaliação leva em conta somente os aspectos técnicos do vinho e deve apenas servir como referência. Portanto, na hora de escolher seu vinho, considere mais a reputação do produtor e seu gosto pessoal, não esquecendo do seu bolso, evidentemente.

"Vinho bom é vinho velho", dizem. Entretanto, nem sempre essa máxima é verdadeira. Atualmente, são poucos os que merecem ser guardados e que vão aprimorar com o tempo, até porque a maioria das safras atuais é composta de tipos jovens, com vida média útil de até 5 anos. Além disso, muita idade não é condição *sine qua non* para um vinho ser bom. O envelhecimento é, sim, saudável para os vinhos de guarda – aqueles de grande qualidade, que resistirão à passagem do tempo, evoluindo até atingir o ápice na qualidade de sabor e buquê.

A receita pede um vinho? Vale a máxima: não cozinhe com um vinho que você não beberia. O vinho não precisa ser caro, apenas de boa qualidade. O álcool evapora, mas seu sabor permanece e se incorpora à comida. Para se ter uma ideia, para que todo o álcool evapore, é necessário cozinhar por cerca de três horas. Também fique atento à quantidade: pouco vinho não faz diferença, e muito pode pôr tudo a perder.

Vinho orgânico, biodinâmico, natural... Vamos às diferenças. O vinho orgânico é elaborado de uvas cultivadas de forma orgânica, ou seja, sem uso de defensivos agrícolas sintetizados no vinhedo. Seu manejo se baseia em produtos naturais e em equilíbrio biológico, para impedir o surgimento de insetos, fungos, ervas daninhas e outras ameaças à vinha. Na adega também são evitados quaisquer artifícios de vinificação.

O vinho biodinâmico é aquele produzido com um passo além do orgânico: acrescenta-se, ao manejo natural da terra, o respeito à vinificação sem aditivos, a energização e a revitalização do vinhedo. O processo segue a biodinâmica, modelo baseado nos princípios do filósofo austríaco Rudolf Steiner: não se devem alterar os equilíbrios naturais do campo; devem-se observar os ciclos do cosmos e a influência da lua e do sol sobre as plantas; deve-se proteger a biodiversidade, ou seja, a relação entre os reinos mineral, vegetal e animal. Os vinhos verdadeiramente orgânicos e biodinâmicos trazem no rótulo, ou mais comumente no contrarrótulo, selos de certificação – Selo Orgânico Brasil e Selo Demeter para os biodinâmicos –, que servem de referência ao consumidor.

O vinho natural, por sua vez, é feito com uvas de cultivo orgânico ou biodinâmico, fermentadas sem nenhuma intervenção. Ele não leva conservantes, sulfitos, agrotóxicos, açúcares e outros elementos utilizados pela indústria para equilibrar e padronizar o sabor. A adição de SO_2, composto formado de oxigênio e enxofre que impede que o vinho vire vinagre, é permitida. Ainda não há uma certificação para vinhos naturais como existe para os vinhos orgânicos e biodinâmicos.

E quanto ao vinho laranja? O laranja é encorpado e untuoso no paladar e quase lembra um tinto. Ao mesmo tempo, é fresco, rico em aromas, com notas minerais, florais e de frutas, como um vinho branco. Na elaboração dos laranjas, o mosto (suco) das uvas é mantido por um tempo prolongado em contato com as cascas, e, desse contato, extrai-se cor que pode variar de âmbar (laranja) aos tons acobreados, aromas, sabores e taninos. Trocando em miúdos, é um vinho branco feito como tinto, só que com uvas brancas. No Brasil, bons vinhateiros vêm criando ótimos exemplares nacionais. Alguns destaques: Lunações, Vinha Unna; Trebbiano on the Rocks, Era dos Ventos; Quatro Luas, Don Carlos; e o espumante Cave Amadeu Laranja Nature, Família Geisse.

O princípio *bag-in-box* vem de longe. Já no mundo antigo se usavam bolsas de pele para transportar vinho. As embalagens *bag-in-box* modernas tiveram origem nos Estados Unidos, em 1955, quando o químico William R. Scholle experimentou encher bolsas flexíveis de alumínio ou plástico com bebidas, dotadas de uma torneira, colocando depois as bolsas em caixas de papelão. As vantagens desse tipo de embalagem são muitas: é resistente, fácil de levar, reciclável, extraleve (uma embalagem *bag-in-box* de 3 litros é cerca de 38% mais leve que quatro garrafas de vidro de 750 ml) e mais barata (cerca de 35% a 40%) quando comparada com a garrafa. Além disso, a válvula de saída não permite a entrada de ar no recipiente à medida que o vinho é servido, o que garante maior durabilidade da bebida. Se mantido na geladeira, o vinho chega a durar até 2 meses depois de aberto, resultado de sua tecnologia de envaze.

Para finalizar, enólogo, enófilo e sommelier, quem faz o quê? O enólogo é o profissional formado, responsável por todas as etapas de produção relacionadas ao vinho, do cultivo das uvas até a expedição do produto. Muitos enólogos são também viticultores. Enófilo é um amante e estudioso de vinhos que se dedica, profissionalmente ou por prazer, a estudar o mundo dos vinhos. A palavra vem do grego, *eno* (vinho) e *filo* (amigo), literalmente, amigo do vinho. Já o sommelier é um profissional especializado, conhecedor de vinhos e de todos os assuntos relacionados a seu serviço. Trabalha em bares, restaurantes e lojas de vinhos, elaborando cartas, orientando os clientes a respeito da melhor escolha para acompanhar um prato, além de cuidar da compra, do armazenamento e da rotação das adegas. A origem do termo vem do *saumalier* francês provençal, cujo significado era: condutor de bestas de carga – aquele que cuidava do transporte de suprimentos, do étimo latino *sagma*, que significa "albarda" e, por extensão, a carga que os animais transportavam nela. O nome *sommelier* é adotado em quase todo o mundo, exceto em Portugal, onde se emprega o termo "escanção".

taninos álcool
Merlot ACIDEZ
Malbec
CORPO
Syrah
TIPICIDADE
açúcar residual
Pinot noir final
complexidade

PEQUENO GLOSSÁRIO DO VINHO

ABACAXI: Aroma característico de alguns vinhos brancos jovens.

ABAFADO: Vinho mais doce, com alto teor alcoólico.

ABOCADO: Do italiano, *abboccato*, designa um vinho ligeiramente doce.

ABRIR: Liberar aromas.

ACASTANHADO: Nuance de cor dos vinhos tintos, geralmente associada aos vinhos velhos e oxidados.

ACERBO: Vinho jovem com excessiva acidez e excesso de taninos.

ACÉTICO: Vinho com odor de vinagre em razão da acidez volátil.

ACETINADO: Vinho que evoca sensação tátil de leveza.

ACIDEZ: Sensação gustativa percebida, nos cantos da boca, pela salivação provocada. É proveniente dos ácidos málico, láctico, tartárico e cítrico.

ACIDEZ VOLÁTIL: Componente constituído essencialmente pelo ácido acético e por um dos seus derivados, o acetato de etila.

ÁCIDO: Vinho que apresenta acidez.

ÁCIDO ACÉTICO: Principal componente da acidez volátil do vinho. Produzido por bactérias, apresenta odor nítido de vinagre e acetona.

ACÍDULO: Vinho refrescante, com acidez marcante, mas correta.

ACRE: Com gosto de vinagre em decorrência do excesso de ácido acético. É um defeito do vinho.

AÇÚCAR RESIDUAL: Presente em todos os vinhos, glicose e frutose são os principais, e sua quantidade varia de acordo com o tipo de vinho. Medido em gramas por litro (g/L).

ADSTRINGENTE: Com muito tanino; áspero, rascante.

AERAÇÃO DO VINHO: Ato que consiste em oxigenar o vinho, isto é, deixá-lo "respirar".

AFINADO: Vinho bem amadurecido e bem envelhecido; equilibrado.

AGRADÁVEL: Aroma e sabor organolepticamente equilibrados.

AGRESSIVO: Vinho que ataca as mucosas em virtude do excesso de acidez e adstringência.

AGRIDOCE: Vinho açucarado e ácido ao mesmo tempo.

ÁGUA: Substância preponderante no vinho. Corresponde a quase 90% do volume, dependendo dos tipos de casta e de vinho.

AGUADO, AQUOSO: Vinho fraco, sem álcool, diluído.

AGUARDENTE VÍNICA: Bebida incolor que se destila do vinho. As mais famosas são o conhaque e o armanhaque.

AGUDO: Vinho cortante e ácido.

ALCALINO: Vinho rico em sais de potássio e sódio.

ÁLCOOL: Substância importante tanto para a longevidade quanto para a qualidade do vinho. Suas propriedades antissépticas ajudam a inibir a proliferação de bactérias. Forma-se com o açúcar, representando 5,5% a 17% do volume do vinho.

ÁLCOOL POR VOLUME: Unidade de medida do teor alcoólico de um vinho.

ALCOÓLICO: Vinho desequilibrado em virtude do elevado teor alcoólico.

ALTERADO: Vinho que sofreu acidentes, quebras, doenças ou alterações químicas.

AMADEIRADO: Aroma e sabor característico de vinhos envelhecidos em barris de carvalho.

AMANTEIGADO: Resultado da fermentação ou do amadurecimento em barris, comum aos vinhos brancos como o Chardonnay.

AMARELO: Característica típica de certos vinhos brancos.

AMARELO-PALHA: Cor característica de vinhos brancos jovens.

AMARGO: Vinho afetado pela doença do amargor ou elaborado com o engaço ou contaminado por metais.

AMÁVEL: Vinho ligeiramente doce.

ÂMBAR: Coloração que os vinhos brancos adquirem quando se oxidam.

AMPLO: Vinho de aromas e sabores intensos que preenchem a boca plenamente.

ANÁLISE SENSORIAL, ANÁLISE ORGANOLÉPTICA: Processo que utiliza os cinco sentidos – visão, paladar, olfato, audição e tato – para analisar um vinho.

ANÊMICO: Vinho débil, pequeno, sem corpo nem cor.

ANGULOSO: Vinho de aspereza dominante, desarmônico.

ANIMAL: Qualificação dada a uma das famílias de aromas de um vinho encontrada no mundo animal: couro, carne de caça, almíscar, pele ou lã molhada etc.

ANIS: Aroma típico de alguns vinhos brancos.

ANTIOXIDANTE: Desempenha função importante na qualidade do vinho, contribuindo para seu sabor e aroma. A quantidade desse composto varia de acordo com alguns fatores, como clima, natureza do solo, variedade, maturidade e maceração da uva, temperatura de fermentação, pH, dióxido de enxofre e etanol.

ARDENTE: Vinho com alto teor alcoólico; provoca sensação de ardor.

ARISTOCRÁTICO: Que tem classe e distinção; aplica-se somente aos vinhos secos, aos grandes vinhos espumosos e aos melhores xerezes, sauternes e portos.

AROMA, NARIZ: Presença de substâncias orgânicas naturais no vinho, percebidas pelo paladar e pelo olfato.

AROMA PRIMÁRIO, AROMA VARIETAL: Associado à variedade da uva. São provenientes de frutados, florais, vegetais, herbáceos e minerais.

AROMA SECUNDÁRIO: Proveniente da fermentação. São os oriundos de madeiras, tostados, leveduras, manteiga, enxofre etc.

AROMA TERCIÁRIO, BUQUÊ: Associado ao envelhecimento. São os odores animais, químicos e de mofo.

AROMÁTICO: Vinhos oriundos de castas aromáticas.

AROMATIZADO: Designa um vinho ao qual foram adicionados aromatizantes.

ASPECTO: Diz respeito à limpidez, à transparência, à viscosidade, à cor, ao depósito e à efervescência do vinho, verificados no exame visual que constitui a primeira etapa da degustação.

ÁSPERO: Vinho com acidez e adstringência excessivas.

ATAQUE: Primeira impressão sensorial que o vinho produz no paladar.

ATIJOLADO: Característica de vinhos tintos envelhecidos, cuja cor tende ao ocre.

AUSTERO: Denominação aplicada aos vinhos tintos jovens marcados pelo alto teor alcoólico e pelos taninos.

AUTÊNTICO: Vinho que se ajusta à sua denominação, ao seu tipo.

AVELUDADO: Vinho suave, de textura agradável e sedosa.

AVINAGRADO: Vinho cuja alta quantidade de ácido acético indica que logo será transformado em vinagre.

BAGACEIRA: Aguardente produzida da casca ou do bagaço da uva.

BALSÂMICO: Aroma nobre que lembra incenso, pinheiro; encontrado em alguns vinhos envelhecidos.

BANANA: Aroma frutado encontrado em vinhos muito jovens.

BAUNILHA: Aroma transmitido pelos barris de carvalho ao vinho e ao conhaque, durante o processo de envelhecimento.

BOISÉ: Termo francês que qualifica o aroma dos vinhos envelhecidos em barrica.

BORBULHA: Responsável pelo aroma do espumante, é resultado do dióxido de carbono proveniente da fermentação na garrafa. Quanto menores, em maior volume e maior persistência, melhor será o espumante. Uma única garrafa aberta de 750 ml pode conter até 56 milhões delas.

BORRAS: Conjunto de impurezas, de leveduras e outras matérias sólidas presentes no mosto, as quais se depositam como sedimentos no fundo dos recipientes que contêm vinho.

BOTRITIZADO: Vinho elaborado com as uvas atacadas pelo fungo *Botrytis cinerea*.

BOUCHONNÉ: Termo francês que designa um vinho com gosto de rolha. Esse defeito é transmitido ao vinho pela rolha contaminada pelo fungo *Armillaria mellea*.

BRANCO: Vinho resultante da fermentação do suco de uvas brancas ou tintas, sem as partes sólidas da uva – casca e semente.

BRILHANTE: Característica dos vinhos brancos e rosés. Refere-se ao aspecto visual límpido e transparente que apresentam.

BRUT: Termo francês utilizado para vinhos espumantes naturais muito secos, com teor de açúcar residual inferior a 15 g/L.

CANSADO, FATIGADO: Vinho que, após ter sido filtrado, engarrafado ou transportado, perdeu suas características momentaneamente.

CANTINA: Instalação onde ocorre a vinificação, ou seja, a elaboração ou produção do vinho.

CAPITOSO: Vinho com teor alcoólico muito elevado.

CÁPSULA: Invólucro que serve para proteger a rolha e a boca do gargalo, vestindo a garrafa. Pode ser de plástico, estanho ou uma mistura de alumínio e plástico.

CARÁTER: Diz respeito à "personalidade" ou à singularidade de um vinho. Estilo e característica que identificam um vinho, distinguindo-o de outros.

CARNOSO: Vinho que conserva bem suas qualidades, encorpado. Termo aplicado a tintos.

CASTA: Variedade de videiras da mesma espécie que têm origem comum e as mesmas características.

CASTA NOBRE: Casta que se destaca por suas qualidades.

CASTANHA: Aroma característico de alguns vinhos Chardonnay.

CAUDALIA: Unidade de medida de persistência aromática de um vinho na boca; 1 caudalia = 1 segundo.

CAVEAU: Termo francês, nomeia a parte da adega onde os vinhos mais caros e valiosos são guardados.

CEDRO: Aroma da madeira do cedro presente em alguns Cabernets Sauvignon.

CEPA: Tronco da videira e seus ramos.

CHAMBRER: Termo francês que, na linguagem do vinho, significa fazer com que o tinto alcance a temperatura ambiente.

CHATO, PLANO: Vinho com carência de acidez. Em espumantes, vinho que perdeu o gás.

CHEIO, PLENO: Vinho que tem bom corpo, cor e alto teor alcoólico.

CLARO: Característica dos vinhos brancos jovens. Também pode denotar um defeito do vinho quando há falta de cor.

CLASSIFICAÇÃO: Indica a qualidade do vinho. Cada país adota suas próprias regras.

COLHEITA TARDIA: Expressão empregada para designar vinhos produzidos com uvas colhidas tardiamente, ou seja, quando já estavam sobrematuradas e, portanto, com uma concentração maior em açúcares e aromas.

COLORAÇÃO: É o melhor indicador de maturidade, sanidade e idade de um vinho.

COMPLETO: Vinho de constituição perfeita.

COMPLEXO: Vinho que provoca sensações gustativas variadas.

COMUM, CONSUMO CORRENTE (DE): Sem defeitos, mas sem qualidades a destacar.

CONCENTRADO: Qualifica um vinho com muito aroma, sabor e cor.

CONDIMENTADO: Termo usado para um vinho que tem aroma de especiarias, como pimenta-do-reino, cravo-da--índia, anis, alecrim, canela, alcaçuz etc.

CONSISTÊNCIA: Sensação tátil que diz se o vinho é oleoso, pastoso, suave, duro, viscoso etc.

CONSISTENTE: Vinho firme e denso com alguns taninos presentes.

CONTRARRÓTULO: Colocado na parte de trás da garrafa, abrange informações sobre elaboração do vinho, sugestões sobre a maneira de servi-lo e condições ideais de conservação. No Brasil, são informações obrigatórias a razão social, o endereço e o CNPJ do responsável, a composição e a validade do produto, o número do lote e o nome do técnico responsável. Devem constar advertências sobre a moderação no consumo e a proibição de venda a menores, bem como a frase "Não contém glúten".

CORPO: Diz respeito ao peso do vinho percebido na boca, resultante do teor alcoólico e de extrato seco.

COZIDO: Refere-se a um vinho que é exposto a altas temperaturas e perde seu frescor.

CRISTALINO: Vinho límpido e luminoso.

CURTO: Vinho de aroma e sabor fugaz.

***CUVÉE*:** Termo em francês que indica tanto um vinho proveniente do suco da uva que sai da primeira prensagem (*tête de cuvée*) quanto uma mistura feita de diferentes variedades de uvas, ou de uvas provenientes de diferentes vinhedos, ou ambos os casos.

Na viticultura, indica um vinho feito em um mesmo momento e sob as mesmas condições, e também nomeia o conteúdo de uma cuba.

DECANTAÇÃO: Processo de separar o vinho de seus sedimentos, de suas borras.

DECANTAR: Transferir para uma jarra o vinho da garrafa para separar os sedimentos originários do envelhecimento.

DECRÉPITO: Característica dada a um vinho organolepticamente apagado por ser demasiadamente velho.

DEFEITUOSO: Vinho que apresenta um ou mais defeitos.

DEGUSTAÇÃO ÀS CEGAS: Avaliação em que os vinhos são provados sem que se revelem marca e safra. É considerada pelos especialistas a maneira mais justa de avaliação, uma vez que somente as qualidades do vinho são levadas em conta, sem a interferência do prestígio e da tradição do nome que pode constar do rótulo.

DEGUSTAÇÃO DE VINHO: Avaliação da qualidade de um vinho, por meio dos órgãos dos sentidos. Conhecida como análise sensorial.

DEGUSTAÇÃO HORIZONTAL: Avaliação da qualidade de vinhos da mesma safra, e da mesma região, mas de produtores diferentes.

DEGUSTAÇÃO VERTICAL: Avaliação da qualidade das diferentes safras de um mesmo vinho.

DELICADO: Vinho elegante, sóbrio, de qualidade.

DENOMINAÇÃO, DENOMINAÇÃO CONTROLADA: Aplica-se a vinhos de regiões e cepas determinadas, regidos por regulamentação específica, ditada por entidades oficiais de cada país, visando à produção de vinhos de qualidade.

DENOMINAÇÃO DE ORIGEM CONTROLADA (DOC): Sistema de classificação, usado pela maioria dos países (cada um tem seu próprio sistema), para proteger os vinhos de qualidade.

DENSO: Vinho com bastante viscosidade.

DESENCORPADO: Aplica-se a um vinho tinto que perdeu suas substâncias.

DESEQUILIBRADO, DESBALANCEADO: Vinho que peca pelo excesso de taninos, acidez ou doçura.

DESVANECIDO: Designa um vinho que perdeu a cor e parte do buquê, ou todo ele.

DILUÍDO, BATIZADO: Vinho que teve adição de água.

DISCRETO: Vinho que oferece poucas sensações olfativas e gustativas.

DISTINTO: Denominação aplicada a um vinho com classe e elegância.

DOCE: Vinho com elevado teor de açúcar.

DOÇURA: Sensação gustativa notada na ponta da língua. Proveniente de açúcares, frutose, álcool etílico e glicerina.

DOURADO, AMARELO-OURO: Tonalidade dos vinhos brancos que apresentam equilíbrio entre acidez e maciez.

DURO: Vinho muito adstringente e tânico.

EFERVESCÊNCIA: Diz respeito aos champanhes e aos espumantes. É definida pela qualidade das borbulhas – quanto menores, maior a qualidade da espuma.

EFERVESCENTE: Diz-se de um vinho que desprende gás carbônico em forma de pequenas bolhas.

ELEGANTE: Vinho de classe, fino, bem balanceado.

EMPIREUMÁTICO: Refere-se ao odor quente, queimado ou muito tostado que alguns vinhos apresentam, o qual lembra aromas como café, caramelo, chocolate e baunilha.

ENCEPAMENTO: Conjunto das castas que compõem um vinhedo.

ENCORPADO: Vinho potente, com consistência, rico.

ENGARRAFADO NA ORIGEM: Vinho engarrafado na mesma região em que foi produzido.

ENGORDURADO: Vinho afetado pela doença da gordura.

ENVELHECIMENTO: Processo elaborado em tanques de inox ou concreto, no caso dos brancos, rosados e tintos de menor qualidade, em barricas, preferencialmente de carvalho, e nas garrafas, apenas para os tintos. Nessa etapa, o vinho muda de cor, perde taninos e acidez, tornando-se mais macio, e adquire seu buquê. O mesmo que amadurecimento. O termo envelhecimento também designa o processo de "decadência" de um vinho.

ENVELHECIMENTO EM BARRIL: Durante esse processo, o vinho sofre uma lenta e suave oxidação causada pelo oxigênio do ar que entra através dos poros da madeira e das juntas das aduelas. Esse processo é essencial para o desenvolvimento de todas as suas características organolépticas.

ENVELHECIMENTO EM GARRAFA: Segunda fase do envelhecimento. É quando o vinho descansa na ausência total do oxigênio do ar. É também chamada de fase redutiva.

EQUILIBRADO, BALANCEADO: Vinho com teor alcoólico, taninos e acidez em equilíbrio.

EQUILÍBRIO: Relação harmoniosa entre a acidez, o álcool e o tanino. Nenhum deles é dominante.

ESCOLHA: Seleção das uvas colhidas.

ESCURO: Refere-se à intensidade da cor. Quanto mais escuro o vinho, mais encorpado.

ESPESSO: Vinho cheio e encorpado.

ESPUMA: Bolhas finas de gás carbônico que se libertam nos espumantes naturais; bolhas de gás que se formam na superfície dos vinhos durante a fermentação alcoólica, em virtude do desprendimento de gás carbônico.

ESTRUTURA: Refere-se à constituição de um vinho.

ESTRUTURADO, ELABORADO: Aplica-se a um vinho rico em sabor, álcool e extrato, e bem equilibrado.

FECHADO: Vinho jovem, com potencial, cujo sabor e aroma ainda estão abafados.

FEMININO: Designa um vinho suave, delicado e leve.

FIM DE BOCA: Conjunto das sensações que o vinho deixa na boca depois de ter sido bebido ou provado.

FINEZA: Qualidade de um vinho delicado e elegante.

FIRME, SÓLIDO: Vinho jovem, encorpado.

FLORAL: Vinho com aroma de flores, como violeta, jasmim, flor de laranjeira, rosa etc.

FLUIDO: Vinho com carência de corpo e taninos; pouca viscosidade.

FORTIFICADO, VINHO DOCE NATURAL: Vinho que teve seu teor alcoólico aumentado pela adição de aguardente vínica.

FOXADO: Aroma típico de vinhos elaborados com uvas americanas, como as da espécie *Vitis labrusca*. Lembra o aroma de animais de pelo, como a raposa.

FRACO: Vinho com baixa graduação alcoólica.

FRANCO: Vinho de sabor limpo, de cor, buquê e gosto normais.

FRESCO: Vinho com frescor e boa acidez.

FRUTADO: Vinho com aroma de frutas, como framboesa, amora, maçã, cassis etc. Típico de vinhos jovens.

GASEIFICADO: Vinho espumante de menor qualidade.

GENEROSO: Termo utilizado para descrever um vinho com alto teor alcoólico, robusto e com boa estrutura.

GOULEYANT: Termo francês que designa um vinho agradável, leve, fácil de beber.

GORDO: Vinho de forte estrutura, carnudo, rico em álcool e glicerina.

GOSTO DE MOFO: Grave defeito transmitido ao vinho por tonéis que foram mal higienizados ou pela rolha, ambos atacados pelo mofo.

GRAN RESERVA: No Novo Mundo, o vinho identificado como Gran Reserva costuma ser o melhor de uma vinícola, produzido em excelentes safras e amadurecidos por um longo período em barris de carvalho. Desde 2019, segundo a legislação brasileira, o termo se aplica a vinhos finos com pelo menos 11% de teor alcoólico e que tenham passado por 18 meses de amadurecimento, sendo 6 meses em barris de carvalho, no caso dos tintos, ou por 12 meses de amadurecimento, no caso dos brancos e dos rosés, dos quais 6 meses em barris de carvalho.

GRANDE: Vinho que apresenta qualidades extraordinárias.

GROSSEIRO: Vinho sem qualidade.

HARMÔNICO: Aplica-se a um vinho quando seus componentes organolépticos – cor, brilho, transparência, textura, odor e sabor – estão em perfeita harmonia.

HERBÁCEO: Designa um vinho com aroma de grama cortada ou de folhas verdes.

HÍBRIDO: Variedade de videira obtida pelo cruzamento de duas espécies. Por exemplo, *Vitis vinifera* e *Vitis labrusca*.

HONESTO: Nomeia um vinho com custo-benefício equilibrado.

INSÍPIDO: Vinho sem sabor e sem gosto.

INTENSO: Termo usado para qualificar a cor do vinho.

JOVEM, NOVO: Vinho de fabricação recente que deve ser bebido logo após o engarrafamento, quando apresenta suas melhores qualidades.

LÁGRIMA, PERNA, ARQUETE: Pequeno arco de líquido que escorre pelas paredes do copo de vinho.

Lágrimas abundantes que descem lentamente indicam um vinho encorpado e com alto teor alcoólico.

LENHOSO: Aroma vegetal que indica um vinho adstringente e rico em taninos de má qualidade.

LEVE: Vinho com baixo teor alcoólico, para consumo rápido.

LICOR DE EXPEDIÇÃO: Mistura que se adiciona ao espumante antes do engarrafamento, cujo teor de açúcar irá definir seu estilo: brut, extra sec, sec, demi-sec ou doux.

LICOROSO: Segundo a legislação brasileira, é o vinho com teor alcoólico natural ou adquirido de 14% a 18% em volume, geralmente obtido de mostos mais ricos em açúcar ou pela adição de mostos concentrados, de mistelas ou de álcoois.

LIGEIRAMENTE EFERVESCENTE: Vinho com ligeira presença de gás carbônico.

LÍMPIDO: Vinho totalmente transparente, isento de sedimentos ou partículas em suspensão.

LIMPO: Vinho sem defeitos.

LONGO: Vinho de boa persistência, que se prolonga no fim de boca.

LUMINOSO: Vinho com reflexos intensos.

MAÇÃ: Aroma típico de vinhos brancos.

MADEIRIZADO: Aroma e sabor típicos dos vinhos brancos envelhecidos e de coloração âmbar.

MADURO: Termo usado para designar um vinho que exibe todas as suas virtudes e qualidades.

MAGNUM: Tipo de garrafa que armazena 1,5 litro, o equivalente a duas garrafas de 750 ml ou 250 oz.

MAGRO, DESCARNADO: Vinho sem substância.

MATURAÇÃO, AMADURECIMENTO: Estágio após o processo de fermentação, em que o vinho é colocado em tanques, tonéis, barricas ou garrafas para se desenvolver e evoluir. É um processo de afinamento.

MEIO DOCE: Termo que se aplica a um vinho com teor de açúcar mais baixo que o do vinho doce e mais alto que o do meio seco.

MEIO SECO: Termo que se aplica a um vinho ligeiramente doce, com teor de açúcares residuais entre 33 g/L e 50 g/L.

MERCÁPTÃ: Presença de compostos sulfurosos que conferem ao vinho um odor que lembra o de ovos podres.

METÁLICO: Sabor defeituoso resultante do contato do vinho com certos metais, como o ferro ou o cobre.

MINERAL: Aroma de alguns minerais que podem remeter, em alguns casos, ao tipo de solo da região da produção. É característico de alguns vinhos brancos de qualidade.

MOFO, BOLOR: Provocado por excesso de umidade, ataca rolhas e rótulos das garrafas, podendo chegar ao vinho através da rolha.

MOLE, DÉBIL: Vinho chato, sem consistência e com pouca acidez.

MONOVARIETAL: Vinho 100% elaborado de uma única casta.

MOSTO: Suco obtido da uva madura por meio de prensagem ou do esmagamento, destinado à elaboração de vinho.

NATURE: tipo de espumante mais seco, com até 3 gramas de açúcar por litro. Esse teor é obtido com a exclusão do licor de expedição do processo de produção –, daí seu nome indicar que o espumante está "ao natural", sem intervenção alguma.

NERVOSO: Aplica-se aos vinhos novos, frescos e firmes.

NEUTRO: Vinho sem "personalidade".

NOBRE: Vinho que tem qualidade superior.

NOTA: Nuance aromática percebida tanto pelo nariz quanto pela boca.

N.V.: Abreviação para o termo francês *non vintage* ("não safrado", em português).

ODOR: Aroma do vinho detectado pelo olfato.

ODOR DE PETRÓLEO: Cheiro característico dos vinhos *rieslings*.

OPALESCENTE: Vinho ligeiramente velado.

OXIDAÇÃO: Alteração indesejável que se traduz por uma modificação na cor e no gosto do vinho, em razão do contato com o oxigênio.

OXIDADO: Vinho alterado em suas características visuais, olfativas e gustativas pelo contato com o oxigênio.

PASTOSO, MELOSO: Aplica-se ao vinho de consistência excessivamente encorpada.

PEDERNEIRA: Odor mineral característico de alguns vinhos brancos secos.

PERSISTÊNCIA: Sensação olfativa e gustativa que o vinho deixa na boca após ser engolido, e que pode ser medida em segundos.

PESADO, CARREGADO: Vinho desequilibrado, sem frescor, sem elegância.

PICANTE: Vinho com ligeira acidez.

PROFUNDO: Vinho rico, com aroma intenso e abundante.

PRONTO: Vinho apto a ser consumido.

PUNGENTE: Vinho agressivo na boca.

PULPEUX: Termo francês usado para descrever um vinho redondo, carnoso, denso.

PÚRPURA: Tonalidade dos vinhos tintos muito jovens.

QUENTE: Vinho cujo álcool é dominante na boca, provocando agradável sensação de calor.

QUÍMICA: Termo que designa o conjunto de alguns odores desagradáveis, como acético, fênico, dos fenóis, do enxofre ou dos enxofrados etc., presentes nos vinhos em razão de manipulação inadequada.

RAÇA: Termo usado para designar um vinho com caráter e elegância.

RASCANTE: Vinho adstringente que rasga o paladar.

REDONDO: Vinho cheio, aveludado, equilibrado.

REDUÇÃO: Processo de envelhecimento do vinho na garrafa, na ausência do oxigênio.

RESERVA: Como regra geral, subentende-se que o vinho identificado como reserva seja feito de uvas selecionadas e passe algum tempo envelhecendo em barris de carvalho. Desde 2019, segundo a legislação brasileira, o termo se aplica a vinhos finos com pelo menos 11% de teor alcoólico e que tenham passado por 12 meses de amadurecimento, no caso dos tintos, e 6 meses, para os brancos. O uso de barris de carvalho é opcional.

RESERVADO: Termo destinado aos vinhos produzidos em grande escala. São os vinhos de entrada e, consequentemente, os mais baratos, de qualidade inferior, sem complexidade, muitas vezes com uvas não declaradas.

RESINADO: Vinho acrescido de resina.

RETROGOSTO, AROMA DE BOCA: Sabor e aroma deixados pelo vinho após ser engolido ou cuspido.

RETRO-OLFAÇÃO: Percepção olfativa sentida na boca pela via retronasal.

RICO: Designa um vinho potente na cor e no álcool; completo.

RÍGIDO: Vinho com acidez e taninos dominantes.

ROBE: Termo francês que significa o aspecto visual do vinho; a intensidade e profundidade de sua cor.

ROBUSTO, POTENTE: Vinho que tem corpo bem constituído, com elevado teor alcoólico.

ROSADO, ROSÉ, ROSÊ: Bebida alcoólica resultante da fermentação do suco de uvas brancas ou tintas, com as partes sólidas da uva, casca e semente, até que a cor rósea seja alcançada.

RÓTULO: É a "carteira de identidade" do vinho. Em geral, deve constar a marca, o nome do vinho e da vinícola, o tipo, a variedade ou variedades de uvas utilizadas, os teores alcoólico e de açúcar, a safra e o volume contido na garrafa, expresso em mililitros.

RÓTULO DO GARGALO, COLARINHO: Pouco utilizado, indica apenas a safra ou o nome do engarrafador.

RUBI: Tonalidade dos vinhos tintos prontos para serem consumidos.

RUDE: Caracteriza um vinho com matérias em suspensão.

RÚSTICO: Aplica-se a um vinho bom e simples.

SAFRA: Ano da colheita da uva e da produção do vinho correspondente.

SALGADO: Sensação gustativa sentida na parte superior da língua, proveniente dos sais minerais e sais ácidos.

SÁPIDO: Vinho saboroso, fresco e com bom retrogosto.

SECO: Aplicado ao vinho, significa sem açúcar. Aplicado ao champanhe, quer dizer adocicado.

SEDOSO: Vinho macio e untuoso.

SERVIÇO DE VINHO: Forma de servir o vinho à mesa, que inclui: seleção do vinho, atenção à temperatura que deve ser servido, escolha das taças, harmonização com a comida a ser degustada etc.

SOBREMATURADA: Estado de desenvolvimento de uma uva após a maturação, caracterizado por dessecação parcial ou total da baga, perda de água e concentração de açúcares.

SUAVE, MACIO: Diz-se de um vinho redondo e sem aspereza, com baixo teor de tanino.

SUNTUOSO: Vinho que apresenta, à primeira vista, uma bela aparência e que, na boca, tem uma boa seiva, elegância, caráter e ótima distinção.

SUR LIE: A expressão vem do francês e significa "sobre as borras". Trata-se de uma técnica de amadurecimento muito utilizada em espumantes e vinhos brancos e que também pode ser explorada nos tintos. Consiste em deixar o vinho em contato com as borras. No caso dos espumantes *sur lie*, as borras permanecem dentro da garrafa e, por isso, a aparência é de turbidez. A manutenção das borras faz com que a bebida permaneça em constante evolução, até a abertura da garrafa, quando o espumante atinge sua plenitude. O primeiro *sur lie* brasileiro foi o Lírica Crua, elaborado pela vinícola Hermann, em Pinheiro Machado, na Serra do Sudeste (RS).

SUTIL: Denominação aplicada a um vinho elegante e delicado.

TÂNICO: Vinho rico em tanino.

TANINO: Substância adstringente encontrada nas cascas, nas sementes e no engaço das uvas. É um conservante natural do vinho, também responsável pelo amarelo-alaranjado dos vinhos tintos envelhecidos.

TASTEVIN: Pequena taça de prata usada pelos sommeliers para provar um vinho. Usa-se pendurada ao pescoço por uma corrente.

TEOR ALCOÓLICO: Gradação que define o volume percentual de álcool existente no vinho. Por exemplo, a expressão 12% v/v indica que uma garrafa de 750 ml do produto contém 90 ml de álcool etílico.

TEOR DE AÇÚCAR: Gradação expressa em gramas por litro (g/L). É um dos critérios de classificação do vinho que é chamado de seco quando contiver até 5 g/L, de demi-sec ou meio seco quando contiver de 5,1 g/L a 20g/L, e de suave quando o teor superar 20 g/L. O vinho espumante, por sua vez, é designado extra brut quando contiver até 6 g/L, brut, de 6,1 g/L a 15 g/L, seco ou sec, de 15,1 g/L a 20 g/L, demi-sec ou meio seco ou meio doce, de 20,1 g/l a 60 g/l, e doce, quando o teor de açúcar for maior que 60 g/L.

TERROIR: Palavra francesa aplicada a determinada zona geográfica que goza de características específicas de solo, relevo e clima, a qual transmite ao vinho sua originalidade e qualidade.

TERROSO: Vinho com sabor e aroma de terra úmida.

TINTO: Bebida alcoólica resultante da fermentação do suco de uvas tintas, com as partes sólidas da fruta – casca e semente.

TIPICIDADE: Conjunto de caracteres específicos de um vinho que possibilitam o reconhecimento de sua origem.

TORRADA: Aroma característico de alguns chardonnays amadurecidos em barris de carvalho novos.

TRANQUILO: Vinho que contém pouco gás carbônico, ao contrário dos vinhos espumantes e frisantes.

TURVO: Vinho sem limpidez; com impurezas.

UNTUOSO: Termo usado para designar um vinho rico em glicerina, com maciez predominante.

UVA PARA VINIFICAÇÃO, UVA DE VINHO: Fruto da videira empregado na elaboração de vinhos. Existe em inúmeras variedades e exige cultivo e manipulação especiais. Pode ser classificada em uva para vinho corrente – com baixos teores em açúcar e acidez –, uva para vinho de mesa – com teores de açúcar entre 18% e 21,5% e 5,5% a 8% de acidez – e uva para grandes vinhos – com 19% a 21% de açúcar e 5% a 7% acidez.

VARIETAL: Vinho elaborado com apenas uma variedade de casta ou, se produzido no Brasil, com um mínimo de 75% da variedade da casta declarada no rótulo. O percentual mínimo da principal uva usada é regulamentado por lei que varia de um país para outro, ou de um estado para outro nos Estados Unidos.

VAZIO[1]: Espaço que se encontra entre a superfície do vinho e a rolha.

VAZIO[2], OCO: Vinho sem corpo, insípido.

VEGETAL: Qualificação dada a uma das famílias de aromas de um vinho encontrada nos vegetais: planta rasteira, hortaliça, aspargo, azeitona etc.

VELADO: Diz-se de um vinho com pouca limpidez.

VELHO: Termo utilizado para descrever um vinho maduro, que conserva suas melhores qualidades apesar da idade.

VERDE: Vinho jovem, com muita acidez.

VERTICAL: Diz-se de um vinho intenso, profundo e persistente no paladar.

VIGOROSO: Termo usado para designar um vinho saudável, jovial e firme.

VINHA AMERICANA: Originária da costa leste americana, as espécies de maior destaque são *Vitis labrusca* e *Vitis bourquina*, usadas na elaboração de vinhos de mesa e sucos de uva. São mais resistentes que as viníferas, produzem maior quantidade, mas sua qualidade é inferior.

VINHO DE CORTE, ASSEMBLAGE (FR), BLEND (ING): Mistura de duas ou mais castas de variedades diferentes para obter um vinho mais equilibrado, melhor em corpo, textura, cor e aromas.

VINHO DE GARAGEM: O nome vem da forma de produção. As uvas são cultivadas em pequenas plantações. As prensas do fruto e os barris para envelhecimento do vinho ficam em galpões do tamanho de uma garagem. A produção muito pequena faz com que o vinho produzido atinja um grande valor de mercado.

VINHO DE GUARDA: Bebida que se presta a longo envelhecimento em garrafa e tende a evoluir com o tempo, alcançando o auge alguns anos depois da vinificação.

VINHO DE MESA: Bebida elaborada com uvas comuns, com teor alcoólico entre 8,6% e 14% em volume, segundo a legislação brasileira, e características apropriadas para acompanhar a refeição. No Brasil, a *Vitis labrusca* é a mais utilizada, com destaque para a Concord, a Bordô, a Niágara e a Isabel, a uva mais plantada do Brasil.

VINHO DE QUALIDADE: Bebida produzida em região delimitada, sujeita a regras mais rígidas quanto à procedência e às variedades de uvas utilizadas, quanto ao método de vinificação, ao teor alcoólico, à maturação e ao tempo de envelhecimento.

VINHO FINO: Elaborado exclusivamente de uvas da espécie *Vitis vinifera*.

VINHO NOBRE: Elaborado no território nacional exclusivamente de uvas da espécie *Vitis vinifera* e que apresente teor alcoólico de 14,1% a 16% em volume.

XAROPOSO: Vinho demasiado doce; enjoativo.

XIXI DE GATO: Aroma característico de vinhos feitos com a uva Sauvignon Blanc. Não é considerado um defeito no vinho.

ZURRAPA: Diz-se do vinho estragado.

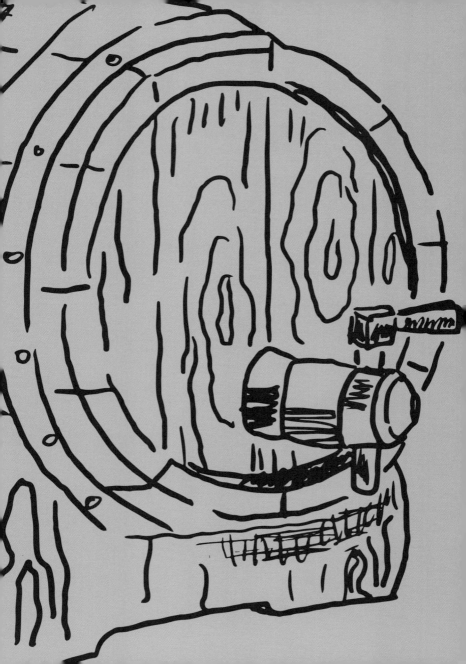

REFERÊNCIAS BIBLIOGRÁFICAS

AMARANTE, Osvaldo Albano do. *Os segredos do vinho para iniciantes e iniciados*. São Paulo: Mescla Editorial, 2005.

BONNÉ, Jon. *As novas regras do vinho: um guia útil de verdade com tudo o que você precisa saber*. São Paulo: Companhia de Mesa, 2019.

BROOK, Stephen. *A century of wine: the story of a wine revolution*. London: Mitchell Beazley, 2000.

CABRAL, Carlos. *Presença do vinho no Brasil*. 2. ed. São Paulo: Cultura, 2007.

DARDEAU, Rogerio. *Gente, lugares e vinhos do Brasil*. 1. ed. Rio de Janeiro: Mauad X, 2020.

GAMA, Fernando Cesar Barros de. *A nova geografia da produção de uvas e vinhos do Brasil*. São Paulo: Lux, 2021.

JOHNSON, Hugh. *A história do vinho*. São Paulo: Companhia das Letras, 1999.

LILLA, Ciro. *Introdução ao mundo do vinho*. São Paulo: WMF Martins Fontes, 2016.

NOVAKOSKI, Deise; FREIRE, Renato. *Enogastronomia: a arte de harmonizar cardápios e vinhos*. Rio de Janeiro: Senac Nacional, 2005.

PACHECO, Aristides de Oliveira; SILVA, Siwla Helena. *Vinhos & uvas*. 2. ed. São Paulo: Senac São Paulo, 1999.

PHILLIPS, Rod. *Uma breve história do vinho*. Rio de Janeiro: Record, 2003.

RICCETTO, Luli Neri. *Uma dose de conhecimento sobre bebidas alcoólicas*. Brasília: Senac Distrito Federal, 2011.

SALDANHA, Roberta Malta. *Histórias, lendas e curiosidades da gastronomia*. Rio de Janeiro: Senac Rio, 2011.

_____. *Minidicionário de enologia em 6 idiomas: português, inglês, espanhol, francês, italiano e alemão*. Rio de Janeiro: Senac Rio, 2012.

_____. *A história do vinho na Serra Gaúcha*. Rio de Janeiro: Arte Ensaio, 2013.

_____. *Histórias, lendas e curiosidades das bebidas alcoólicas e suas receitas*. Rio de Janeiro: Senac Rio, 2017.

_____; Santana, José Maria. *Comida e vinho: harmonização essencial*. São Paulo: Senac São Paulo, 2008.

SANTOS, José Ivan Cardoso dos. *Vinhos, o essencial*. 6. ed. rev. São Paulo: Senac São Paulo, 2006.

SANTOS, Sérgio de Paula. *O vinho, a vinha e a vida*. Porto Alegre: LP&M, 1995.

SANTOS, Suzamara. *Pequeno livro do vinho: guia para toda hora*. Campinas: Verus, 2006.

SOUSA, Sérgio Inglez. *Vinho tinto, o prazer é todo seu*. São Paulo: Marco Zero, 2005.

OUTROS LIVROS DA AUTORA PUBLICADOS PELA EDITORA SENAC RIO

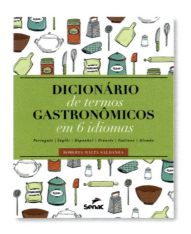

DICIONÁRIO DE TERMOS GASTRONÔMICOS EM 6 IDIOMAS (2016), um dos cinco vencedores do Best in the World, do Gourmand World Cookbook Awards – maior premiação internacional de editoração de gastronomia, considerado o "Oscar" da gastronomia – em duas categorias: Translation e Latin American

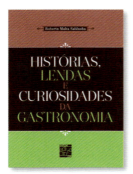

HISTÓRIAS, LENDAS E CURIOSIDADES DA GASTRONOMIA (2011), premiado com o Jabuti, o maior reconhecimento do mercado editorial brasileiro, em 2012, na categoria Gastronomia

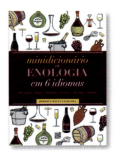

MINIDICIONÁRIO DE ENOLOGIA EM 6 IDIOMAS (2012), finalista do prêmio Jabuti em 2013

HISTÓRIAS, LENDAS E CURIOSIDADES DA CONFEITARIA E SUAS RECEITAS (2016), vencedor do Gourmand World Cookbook Awards 2016, na categoria Best Pastry & Desserts Book; um dos cinco vencedores do Best in the World 2020, do Gourmand World Cookbook Awards, na categoria Culinary History

HISTÓRIAS, LENDAS E CURIOSIDADES DAS BEBIDAS ALCOÓLICAS E SUAS RECEITAS (2017), um dos cinco vencedores do Best in the World 2020, do Gourmand World Cookbook Awards, na categoria Lifestyle – History

A Editora Senac Rio publica livros nas áreas de Ambiente,
Saúde e Segurança; Gestão, Negócios e Infraestrutura;
Desenvolvimento Social e Educacional; Hospitalidade, Turismo,
Lazer e Produção Alimentícia; Produção Cultural e Design;
Informação e Comunicação.

Visite o site www.rj.senac.br/editora, escolha os títulos
de sua preferência e boa leitura.

Fique atento aos nossos próximos lançamentos!

À venda nas melhores livrarias do país.

Editora Senac Rio
Tel.: (21) 2018-9020 Ramal: 8516 (Comercial)
comercial.editora@rj.senac.br
Fale conosco: faleconosco@rj.senac.br

Este livro foi composto nas tipografias Tisa Pro e Brother 1816
pela Imos Gráfica e Editora Ltda.,
em papel *couché matte* 115, para a Editora Senac Rio,
em maio de 2023.